農！黄金のスモールビジネス

杉山経昌

築地書館

ゆっくり夕陽を
眺めて暮らしたい！

百姓になる前、外資系企業でサラリーマンをしていた。

通信機会社からはじまって、転職も経験し、外資系半導体メーカーの営業マンとなった。

当初は売り上げ二〇億円程度の会社だったが、私が営業に参加してからぐんぐん売り上げを伸ばし、十何年かで、二五〇人の営業部隊を率いて、三六〇億円を売り上げるまでに成長した。


百姓になろうと思ったきっかけは、出張先のアリゾナで、夕陽を眺めていたときだ。

そういえば、俺は日本で夕焼けを見たことがないなと思った。

満員電車に揺られて会社に行って、家に帰るのは午前一時。日没の時間も仕事で動き回っている。

アリゾナの一流ホテルに泊まって、豪華なレストランで、最高のディナーを食べながら、この人生はおかしいぞと思った。

サラリーマンが嫌になった。

そのとき仕事で嫌なことがあったとか、自分の置かれた状態が嫌だと思ったわけではない。もっと根源的な嫌悪感だった。

サラリーマンには将来性がないなと思ったのだ。

自分の人生、時間をお金で会社に売り渡している気がした。

このままでは、俺は経済システムと競争社会の中でまさにコマのように使われているだけだと思った。

自分自身の人生を自分で楽しんでいない。

人間らしい生活をしたい！

そのとき思い出したのが「うさぎおいしかの山〜♪」の世界だった。

田園の中で生活し、山に行って百合根を掘ったり、川に行ってカニを捕まえて食べたり……という生活。

じゃあ、何をやるかとなったとき、やっぱり、「農業」が一番人間らしい生き方ができるにちがいないと思った。

収入は激減して、たとえ一〇分の一になったとしても、そこに心豊かな生活がきっとあるにちがいない。

それに、食べ物をつくってるんだから、飢え死にすることはないだろう。

その瞬間、一生懸命お百姓さんをやろうと決心した。

農業ほどおいしい業界はない！

それで、いざ農業をはじめてみると、これが私にとっては「天職」だった。

しかも、この産業ほど「おいしい業界」はなかった。

サラリーマン時代に培ってきたビジネス的センスも活かし、農業を効率的なビジネスとして成功させることができた。

しかし、ここでいう、「成功」や「おいしい」とは、イコール「お金が儲かる」ではない。もちろん、私は**「3K（快適、かっこいい、金が儲かる）農業」**を提唱しているから、豊かで文化的な生活はゆずれない。夫婦二人で、車三台。三七インチの液晶テレビもある。パソコンも四台。旅行も年に数回行く。

しかし、何より「おいしい」と実感できるのは、農業こそがこれからの「二一世紀の価値観」に合致しているからだ。

これまでの「二〇世紀の価値観」とは、お金をたくさん稼ぐために、ものをたくさんつくって、たくさん売って、たくさん捨てさせるということを良しとする価値観だ。

物質の循環を大きくするほど、お金が入ってくる仕組み。

この価値観では、経済規模が大きい国ほど豊かで良い国となる。

私は、それは間違いだと思っている。

心が豊かになるために必要なお金はそれほどいらない。

前著『農で起業する！』は、農業書としては異例の反響があった。

刊行一年を待たず、読者の方からは**二五〇〇通にもおよぶメールや手紙**をいただいた。農園へ訪問してくる者も二五〇名を数えた。講演会などの依頼も増えた。

しかし、私の職業は「百姓」である。本業の百姓をおろそかにはしたくないし、また「悠々自適で週休4日」は絶対目標だから、お断りすることも多い。

そこで、本書をまとめてみた次第だ。

前著は、サラリーマン時代に培ったビジネスセンスを農業という遅れた業界で活かすと、お宝がザックザック、楽しい農業ができますよーということを書いた。

おもに、他産業（外資系ビジネス）から農業へというベクトルで書いた本だが、「**スモールビジネス入門書としても最適**」との感想もいただいた。ほかにも、私の「就農物語」を読み、農業→他産業というベクトルで読んでくれた方がいた。

「スギヤマ式農業経営」は、新しい価値観にもとづく

『農で起業する！』を読んで、訪問してきた読者の中に京都大学の学生がいる。彼は起業家である。すでに二つも農業法人を立ち上げた。

彼が指摘したのは、人の移動を労働の流動ととらえたとき、他産業から農業へ移動しても農業から他産業への流れがなく、一方通行であることであった。

これは農業が、「人が成長していく過程」「キャリアパス」または「経験の蓄積」、ととらえられていないからである。

たとえば「私は農業に従事して輪作体系を組み立てました」と履歴書に書いて、その奥深さと努力と技術が他産業から評価されるようになれば、労働は双方向の流動性を確保する。

そのように農業を位置づけ、情報化できたときに農業の近代化はなる。

私は、農業こそ、**これからのトレンドビジネス**であると実感している。それは働き方の面でも、その目指す方向性も二一世紀の時流に合っているからである。

本書は、なるべく農業で得たスモールビジネスのコツ、価値観を他産業のビジネスパーソンへ向けて提供できるような視点でもまとめた。

遅れているのは、満員電車に揺られ、ストレスまみれのサラリーマンかもしれない。

これからは二一世紀型の新しい価値観（「農業」の価値観）でビジネスしようではないか！

また、本書で書かれることはすべて、机上の「経営論」ではない。実際に私がやってみて、泥にまみれた末に得た「経営術」である。

だから、本書ではすべての実例を詳述しつつ、そこから導き出された戦術を解説している。農業はもちろん、以前やっていたビジネスからもたくさんの具体例をあげている。

なるべく具体例に則して書いているから、その例だけを見て、「自分には関係がないや」と思わないでほしい。

執筆にあたっての時間、コストを考えたら、これほど時間とコストのかかった本も珍しい。めちゃくちゃかかっている。本書は私の一七年におよぶ試行錯誤の果実だ。

これで一六〇〇円は安い！

農業をしたことがない人にも、「農業とはなんぞや」がわかるように、おもしろおかしく、そして、真剣に書いたつもりである。

1章では、スモールビジネスとしての百姓をやるにあたっての、考え方とその醍醐味を書いた。

これまでの働き方を見直し、どのような考え方でビジネスをすれば、**快適に儲けることができるか**を書いた。

2章は、さまざまな試行錯誤の末にあみ出した「スギヤマ式スモールビジネス」のコツが書いてある。

「誰でもあなたのように農業で成功できるわけない」と言う読者もいるだろう。

しかし、成功するために誰にでもできる確実なことが一つある。それは失敗である。小さな経営は失敗しても傷が浅い。失敗を活かすコツを学ぼう。

そうすれば、**誰でも優れた経営者になることができる**のだ。

3章は、農業をしてきて得た価値観とライフスタイルを綴ってみた。自然を相手に作物を育てることは、本当に多くのことを教えてくれる。

本書を農業書としてだけでなく、あらゆるスモールビジネスの参考にしていただきたい。

今後、**小さな起業**を考えているビジネスパーソンにとって、その成功術を解説するために、私のしてきた農業経営は好例といえるからだ。

さぁ、農というスモールビジネスでお宝をザクザク掘りに行こうか。

目次

2

経済規模最小で生きる

3

時給3000円以下の仕事はするな！

4

自分の取り分はこうして増やす

❶ まずは価値観の転換から
はじまる

「常識」や「既成概念」にとらわれて、人と同じやり方をしていてはビジネスの本質は見えてこない。

満員電車に揺られ、リストラにおびえ、睡眠不足になりながら、一生懸命働いてきた自分のビジネススタイルを見つめ直してはどうだろう。

まず、本章では物事の本質をえぐりだし、いままでの自分のものの見方、働き方を再検証し、自分の価値観を変えましょうとよびかけた。


「常識」や「既成概念」にとらわれた価値観を変えることはむずかしい。

一番良い解決策を最初に言ってしまおう。

「田舎に移住」すること。

手っ取り早い方法は、これしかない！

環境が変わればものの見方も変えやすい。都市に住んでいては見えないものが見える。

田舎への移住が無理なら、まずは本書を読んで、週末農園にでも通うところからはじめてはどうか？

1 農業は〝おいしい業界〟です

真の自由を手に入れる創造的ビジネス

サラリーマンを経験した後、農業に転進すると給与生活者がいかに損だったかすぐわかる。

いくら基礎控除があっても給与生活者は職業を維持するための経費の多くを税引き後の所得から支払わなければならない。

その点、農業は自営業だから自分で青色申告して必要な経費を処理できる。

家の償却費の一部、新聞代の一部、車や普段着る衣類や靴までが、当然、経費になる。

奥さんにも経費から給与を支払える。

その結果、申告所得ゼロでも生活が成り立つ。当然、所得税は払わなくても良い。

夫婦二人の生活費を車三台持って二〇〇万円とすると、半分は実質的に経費に算入でき、加えて青色申告特別控除の六五万円、奥様の事業専従者給与九六万円でおつりがくる。

給与生活者の経験が一〇〇%役に立つ職業

農業の世界では長年、「経営」と「販売」はJA（農協）など他人任せで、物作りだけしてきた経緯がある。

しかし、本書で述べるように、これからの農業は自分でお客さまと交流して「販売」も「経営管理」も最小限度の配慮をする農家が生き残る時代になった。

たとえば収入の範囲で消費するという当たり前のことをするだけで、従来型の農家に対して競争力を持てる。

その意味で、サラリーマン冬の時代を乗り越えてきた団塊の世代は「ピースオブケーキ」（超楽々と）で農業経営ができる。

二一世紀の生き方のモデルは、たくさん稼いで大きな家に住んでたくさん食べて、贅沢をして、あくせくするのではなく、その逆、時間をたっぷり持って自然の中で心豊かな生活を目指すのが理想の生き方になる。精神的にも、肉体的にもきわめて健康だからだ。

経営を欲張って大きくすると楽しくなくなる。

自分で、または隣近所が食い物をつくっているのだから自分で何もかもつくらなくてもよい。人間関係だけつくっておけば食い物は回りまわってくる。

稼がなければならないのは車の車検や保険、国民健康保険料、介護保険料、ガソリン代などわずかなものでよい。自分の小さい農場でこだわってつくったものを道の駅や直売ルートでこだわり価格で販売する。自然にお客さまのネットワークが友人の輪も広げてくれる。

自分のこだわりが毎日の食卓に並ぶ、最高のゼイタクだ。

起業・独立を考えるなら二〇～三〇年後の世の流れを見通そう

時代は人口が要求する需要と供給のミスマッチングが次第に危険な限界に達しつつあることを教えてくれる。

中国、インドの人口爆発とエネルギー需要の高騰。

中国、アメリカなどの砂漠化と水不足がもたらす食糧の偏在……。

今後は食糧供給産業がより**安全な職業の選択肢**だと予期できるたくさんの事例が出てきている。

日本の耕作可能面積は総国土面積の一二%といわれる。そのわずかな土地を耕作可能に維持し、生産を続けることが求められている。

そして、現代は人々により安定したライフスタイルを提供する時代に向っていることを知らなければならない。

20世紀型の価値観には「ムリ」と「ムダ」が多い。

自分の働き方を見直してみるために、これまでの仕事観を左に書き出し、右にはこれからめざすべき自分の仕事観とライフスタイルを列挙してみた。

20世紀の価値観	21世紀の価値観
朝から晩まで（ムリして）働く	ゆとりをもって働く
消費こそ美徳（ムダな買い物）	物を大切にする
時間を犠牲に金儲け	時間こそ大切
上昇志向	身の丈のものを
大量生産	少量生産
マスマーケット	ニッチ市場（個性を売りに）
企業対市場（広告を通してアピール）	個人対個人（お客さまとの交流〜face to face）
低価格を目指す	高付加価値
空気、水はタダ	空気、水も自分でまかなう（エネルギー危機）

21世紀的な価値観でビジネスを選んでみると、
小さい農業、田舎での暮らしが
もっともリスクの少ない生き方だと、気づかされる。

よって、21世紀型ビジネスのトレンドは「農」にあり、と結論づけた！

純資本回収率八%というビジネス!

就農前に農業経営のコンピューター・シミュレーションをした。

いまと比べると格段に劣る性能のパソコンと使い勝手の悪い表計算ソフトを使って自作した。

就農先の地域でつくられているすべての農作物のデータベースをパソコン上につくり、作物を選択して栽培面積だけ入力すると、毎月の労働時間、直・間接経費、販売額、利益、生活費などが表やグラフで示される。

それら要求時間に、夫婦二人の労働時間に残業しても達しなければ、その月の労働時間に関わる作物の栽培面積を減らしたりして、最適な作目の組み合わせと面積を選択できる。

おそらくこれなしには就農の意思決定は困難だったと思う。最初のシミュレーションで

ＲＯＮＡ（純資本回収率のこと。Return on Net Assetsの略）が八％を上回ったのには自分でも驚いた。

作物を厳選したわけでもなく、施設や労働手法に特別の配慮をしたわけでもない、いや就農前にそんな知識はまだなかった。

にもかかわらず、毎年八％以上の資本が返ってくるのである。

バブル期の土地転がしに次ぐ甘いビジネスである。

しかも個人ですぐはじめられるのである。

これほどクリエイティブで、楽しい仕事はない！

たとえば、小麦を栽培するとしよう。

果物などに比べれば技術的なむずかしさはとくにない。

「ただ種をまけば」収穫できるというイメージがあるだろう。

しかし、ただ「種をまく」といってもそれなりの配慮はいる。

一般的に「種をまく」というのは植物を育てるうえでの基本的な行為だが、「種をまく」の一言には、じつは気の遠くなるような**たくさんのパラメーター**がある。

それらを検討したうえでおこなっているはずのことを、表面上は何気なく体を動かす、それが百姓の生活である。


「種をまく」にあたってのパラメーターとは……

①畑をどのような栄養状態に準備するか？
　一回の肥料で全栽培期間をまかなうか？
②畑を耕すのか？
　不耕起（固い土のまま）？

　全面耕起するか？

　その場合、深さは何センチ深く耕すか？

家の中の鉢にさした水分計。
妻にあなたは道具に頼りすぎだと非難されている。
しかし、何事も「勘」に頼っていてはムダが多い。
「計測」をつねに心掛けることで、農業の時代遅れは克服できる。

③いつ種をまくか？
④種はどんなものを選ぶか？
⑤種はどのように落とすか？
どのまき方にするか（条まき、点まきなど……いろいろある）？

などである。

こうしたことが**勘と経験**によっておこなわれているのが農の世界である。

高収益のスモールビジネスとしての農業を目指すには、勘と経験に頼った普通の経営をしていてはダメだ。

これまでの常識を否定して、新しいやり方を追求する。そんなクリエイティブなビジネスが好きな人なら、農業は最適だ！　うるさい上司もここにはいない。

だから、農業経営で楽しいことは、これはこういうふうにしたら解決できるはずだ、という直感がひらめくときだ。

そのごく一例。

ビニールのトンネルの中でスイートコーンをつくっていた。

温度調整のために、毎朝毎晩、ビニールの開け閉めをしなくてはならない。温度が上がりすぎないように朝開けて、寒くなる夕方閉める。

普及所の技術員に聞くと「四月の半ばまで開け閉めしてください」と言われた。

自分でデータを見ると、一番遅い霜が来たのが四月半ばだった。つまり、一番遅い霜が来るまでビニールの開け閉めをしていればいいと技術者は言っているのだ。理屈はわかった。これが常識らしい。

しかし、高効率の経営をするためには、ここから創意工夫がはじまる。

「これって何かおかしいな」と思わなくてはいけない。

技術者の指導（＝これまでの常識）では、開け閉めする労働がタダという前提になっているのだ。

もし、開け閉めする労働が有料だったら、ずっと開け閉めしていたら、いつか売り上げはふっとんでしまう。

だから、どこか途中に開け閉めをやめるタイミングがあるんじゃないか？

そう考えて、自分の労働を検証する。これがスギヤマ式経営術。

後で詳しく述べるが、労働単価は自分で決めれば良い。


自分の時給は自分で決めてしまう！　これも農業経営の醍醐味。


それをコンピューターでシミュレーションすると、三月の半ばでやめなさいという答えを得た。

つまり、それ以上、開け閉めをすれば、霜にやられなくて売り上げ自体はあがるが、労働コスト（労賃）を考えると、結局、損をしますよと出た。売り上げよりも労働コストのほうが高くついて、損をしますよと出たのだ。

このように、当たり前だと思われていた農業の常識（「四月の半ばまで開け閉めすべし」）を、違う視点で見てみるとその答えも変わってくる。

自分の労働はタダではないと肝に命じよ！

スモールビジネスでは一人一人が経営者であり労働者でもある。
自分の労賃（時給）を考えて仕事をすることが優れた経営への第一歩。

純収入＝（収穫量×単価）－（栽培に要した時間×時給）
－ 投入した資材費

いつまでトンネル開閉すればいいのか……？

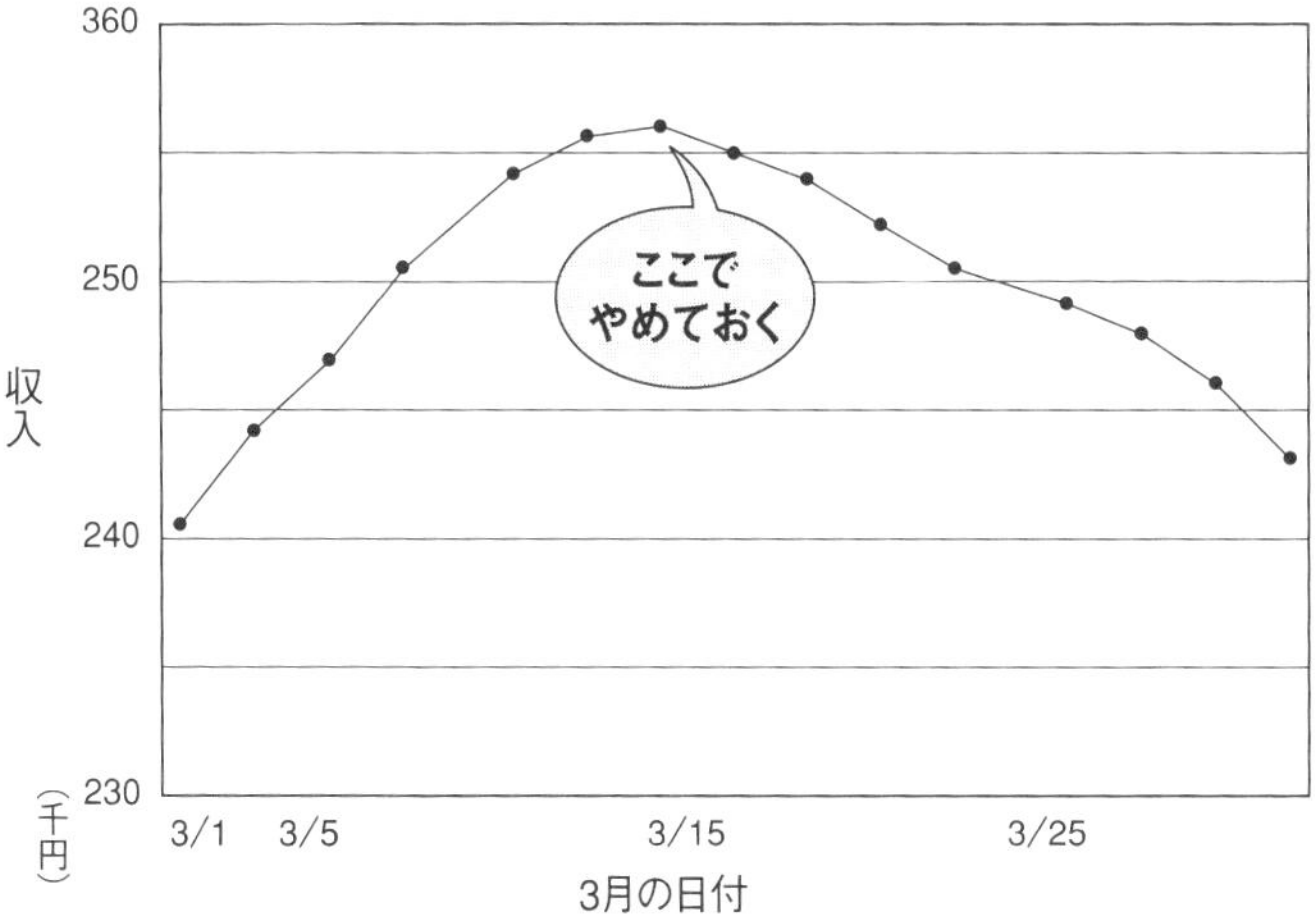

従来の常識では、「収穫量」を最大にするために働いていた。
4月まで開け閉めをすれば、作物は助かり「収穫量」は最大となる。
しかし、3月15日以降、「純収入」はどんどん下降し経営的には赤字となる。
自分の「労賃」と「資材コスト」が、収入より増えていくからだ。
がんばって4月まで開け閉めするのはムダだ。

工夫の余地が山のように残されている業界

就農してみると、農業にはそんなことが山のようにあったのだ。

サラリーマン時代は、業務のムダを省き、合理化して会社を生き返らせる仕事を毎日のようにしてきた。VA、VE、TQCなどを学び使いこなしてきた。そんな外資系ビジネスの感覚で農業の現場を見ると、「宝の山」に入ったように合理化のタネがザクザク転がっている。

いままで、当たり前だったことをすべて疑う。つまり、間違いだ、何かおかしいと考えるのだ。

「こういう状態になったら水をやりなさい」「ビニール掛けをしなさい」「剪定しなさい」という農業経営では正しいとされるやり方を、とりあえず、いったん間違いだと決めつけて、吟味していく。

こういうことを一〇〇個チャレンジすると、九〇は失敗。つまり、やっぱり当たり前のこと常識のほうが正しかった。しかし、一〇個は成功する。私のやり方が正しかった。この一〇個を大切にして、積み上げていく。これが成功につながるのだ。

従来の方法をいったん否定して、新しいやり方を追求していく。

それを積み上げてく。

失敗してもあきらめない。

何年かすると、プラスのサイクルに変わっていく。

これがとても楽しい！

時代遅れな業界にこそチャンスあり！

さて、まわりのお百姓さんたちが種まきするのを見ていると、腰の辺りに手を構えて足の前に種を落とし、それを次々と左右の足で土をかけては踏みつけて歩いてゆく。高等技術である。

落とす種の数、落とす場所、土をかける厚さ、填圧《てんあつ》などきわめて複雑な多くの工程を連続して処理してゆく。とてもまねができない。その後、テープなどを畑の上に何本も何本も張り巡らして鳥対策をする。大変な作業を毎度淡々とこなしている。

しかし生産性が悪い！

ゴンベ（ある播種機の愛称）を押せば一五分で終わる作業を、手作業で二時間かけてやる。

彼らにとってはそれが生きることであり、毎分一六回五〇〇ミリリットルの空気を肺に吸い込み、日に三回食事をするのと同じ生命活動なのである。

空気を吸い込むのに生産性もヘッタクレもない。

「九〇%アタマの中は外資系ビジネスマン」が、百姓に!?

就農直後は、「アタマの中の九〇%は外資系ビジネスマン」が百姓になったようなものだから、農という業界の時代遅れが目についた。

その代表が、農協（JA）という組織・システムだった。

後で詳しく述べていくが、その一例。

JAが供給する種子を試したことはないが、一〇アール当たり六万円もの種子代を払って発芽率六〇%などのラベルの種子を見るとその保証される発芽率の低さに困惑する。

こんな低品質な種子でもおそらく農家は農協にクレームをつけない。

だから、農協は種子業者や上部組織に質の向上を要求しない。

そのような体質の中でお互いに切磋琢磨《せっさたくま》して品質と生産性の向上を図るということのまったくない、もたれあい、妥協の組織ができてしまい、すべてのツケを農家に回すことが当たり前になってしまったのではないか？

ビジネスマン時代、私は社内でも「次工程はお客さま」を合言葉にお客さまの要求を満足させるべく努力を積み上げ、競争力やサービスを向上してきた。

しかし、この世界ではその試みはない！

もっともＪＡといっても地域によって体質は大きく異なる。私の知る東京近くのＪＡは生産者に自分でも販売しなさい、市場にも自分で持ち込みなさい、メリットがある部分では農協も活用してください。と、農家に外部の世界を積極的に学習させマーケティング力を向上させ、それと競争しながら自分たち農協も強くなろうとしている。

一方、私の友人が農協長をする福岡方面のＪＡではなるべく農協を利用してほしいが、農協がメリットを出し切れない部分では個人販売もやむなしの態度をとっている。

しかしここ宮崎では「全量共販」、すなわち全部農協を通して販売しなさい。一個でも隠れて市場に持ち込んだら全部締め出す。そのような傾向が依然強い。ここはまだ安土桃山時代か？　という感じである。

「出る杭は打たれる」のではなく「出る杭は抜かれて捨てられる」。その一方、販売経験のない作目、その時期複数の生産者が扱わない作物は「売ってあげない」と拒否する。就農直後、一七年前のことであるが、金柑をＪＡに持ち込んだとき、「売ってあげる」と言われ、ギクッ！　としたことをいまでも覚えている。「売らせていただきます、ではないんですか？」という言葉を喉の奥に飲み込んだ。百姓一年生ではでかい態度はとれない。そのときの私の頭はまだ九〇％以上エレクトロニクス産業の思考回路だったのである。

2

経済規模最小で生きる

小さな経営に宝あり！

就農以来、私が目指した農業とは、「悠々自適、楽しい農業、小さい農業」だ。

スギヤマ式経営戦略のまず最初にあがるのは、「小規模経営」である。

なるべく「小さい経営」を目指す。

「小規模経営」こそ、あなたの農業を成功へと導く鍵となる。

そして、小さな経営とは、「効率の良い経営」のことでもある。

あくせく働くことなく、効率よく仕事をして、心身ともにゆとりのある生活を送りたいということをまず第一に考える。

「小規模経営《スモール》」＝「高効率経営《ハイパフォーマンス》」を実現しよう。

小規模とは、必要になったら規模を大きくできる**柔軟性がある経営**のことでもある。

現状では、消費税を払わなければならないちょっと下くらいの売り上げでやっているが、その半分程度の五〇〇万円でも、夫婦二人ならぜんぜんある生活だ。

経費が二〇〇万円だとしたら、三〇〇万円残る。

農家だったら、年間一五〇万円あればラクラク生活できる。サラリーマンの生活費の五〇％以上、おそらく七〇％は農家では経費になる。したがって、極論すれば申告所得ゼロでも節税をしっかりすれば、経費と青色申告特別控除の範囲内で生活は成り立つ。

後で詳しく書くが、生活コストは想像以上に安く、想像以上に豊かな生活ができる。

それで、あまった一五〇万円を次の投資の蓄えにできる。

五〇〇万円ほどの売り上げだったら、たとえば、ぶどうであれば五〇アールあれば大丈夫。その程度なら、ある日、後継者ができたから規模を倍にしようと思っても、すぐできる。

なにせ、こちらが働いてる労働時間は週三日だけである。普通のサラリーマンの半分も働いていない。

これからの農業経営は、ますます小規模であることが必要になってくるだろう。

そのためには、まず、固定費、変動費をどんどん減らすことだ。

経費がかからない農業をする。

単純なことだが、

経費半分＝利益は倍である。

ほとんどの人は、小規模化というと、

経営規模が小さくなる

↓

収入が減る

と思い込んでいるが、そういうことではない。

たとえば、規模を小さくするとなったら、どこから小さくするか？　どこから削るか？
普通は、一番ダメなところから削るだろう。生産性、収益性の悪いところからやめる。
生産性、収益性の悪い作物でも、かかっているコストは、優秀な作物と同じ、もしくは
それ以上で、自分の労働時間を時給換算したら、赤字かもしれない。一〇万円の売り上げ
を立てるために一二万円かけて働いている可能性がある。

その一〇万円の作物をやめるだけで二万円浮くのである。

ダメな部分のコストが減ったことで、利益はあがるのだ。

二〇万円儲けるために、一〇万円コストをかけ、あくせく働いていたところを、規模を縮小し、八万円のコストで一八万円稼げればイイじゃないかという考えである。

つまり、

売り上げは減る

↓

利益があがる

ということで、すべてが小さくなるわけではなく、利益率は大きくなるのである。

儲けたかったら仕事を半分やめよう 週休四日の本当の意味

利益が欲しかったら、仕事を半分やめろ。

半分やめるとムダがなくなる。

赤字の作物をやめるだけで、ムダがなくなり、自分にも地球にもやさしくなれる。

労働時間も減って、余裕ができる。余裕の時間に改善の工夫ができるようになる。

その改善によって、少ない労働時間でたくさん利益が出てくる。手元にたくさん残る。

こうした**プラスの連鎖**が起こってくれれば、間違いなく成功する。

そして、経営の中でも、生活の中でも、さらにお金がいらないような、固定費が下がるような工夫をする。

小さな幸せで満足できるような生活設計をしていく。

それで、そのぶんだけ地球や自分の健康を壊すような活動を減らせる。石油の消費も減らし、物質の消費も減らし、不必要なものも買わずにすむ生活を目指す。

もっともっと労働時間を減らして食べていけるような生活ができる。


本当に週休四日で生きていけるのか？

もちろん農業は自然を相手にしているから、週休四日とは年間労働時間の平均だ。忙しい農繁期は朝から晩まで働くが、農閑期は一日中遊んでいる。

効率をあげたぶんだけ、経済活動を減らし、心が豊かになるような活動に使おう。生産性、収益性をどんどんあげて、あがったぶん、仕事、労働時間を減らして、そのぶん、映画を観たり、音楽を聴いたり、人生が楽しくなるように時間を使ったほうがいい。

小さくするためのポイント❶

経費を下げる

たとえば、ビニール代。就農当初は毎年二五万円使っていたのが、現在は三万円に。肥料代も四〇万円が八万円に。農薬はどうか？　たとえば、同じ宮崎県の梨農家は一ヘクタール一〇〇万円が相場だが、私はぶどうで約八万円ですんでいる。

他産業では驚愕の経費削減だが、農業ではこのような経費の圧縮はまだまだ可能だ。

小さくするためのポイント❷

販売の効率をあげる

たとえば、農産物を売る場合、基本的にＪＡや市場に出荷すると、外観偏重（作物の見た目を重視する）のため、作物の見栄《みば》えを良くするために、特別な経費投入（作物の味とは関係ないムダな手間！）を強いられる。

しかし、私の場合、直売や「道の駅」での販売依存が高い。そこでは、農産物を「外観」ではなく「心」で売ることができる。見た目が多少悪い作物でも真心こめて、すべて売りつくす。見た目と味は関係ないからだ。

私の地元の道の駅では、一人で年間五〇〇万円も売ってしまう者もいる。

販売方法の多様化の流れは、今後ますます加速する。これを活用すれば、利益率の高い農業が可能になるのだ。

無肥料・無農薬作物でつくるという選択も可能だ。

アトピー患者向けの作物をつくっている友人がいる。娘がアトピーだったからはじめた栽培なのだが、無肥料・無農薬作物は特別ルートで高く売ることができる。

そもそも室町時代までは、果樹などは肥料も農薬も、もちろん袋掛けなどもせず、生るままにつくっていた。木に実が生るのは天の恵みだったわけだ。

生活費ゼロを想像してみよ

農家は、生活費のほとんどが農業経費になる。極論すると経常所得ゼロでも生活できる。実際、私は税金控除額の範囲内で生活できるのではないかと考えている。

とても小さな生活費で悠々自適に暮らす友人の例をあげよう。

彼らは家のまわりのお茶の葉を炒って釜煎り茶をつくる。生えてる草を摘んできてポットに入れても、ヨモギ茶、枇杷《びわ》茶、ハーブ茶だとか、いろいろな草がそのままお茶になる

（私はとくに山桃のお茶が好き。甘くて香りも良い。体にも良さそう）。

田舎では、お茶を買う必要はない。外出しても、彼らは自販機からジュースという名の砂糖水は買わない。自分たちで水筒を持ち歩く。


現代では、みな、旅行をしても、「見ない、語らない、感動しない」で、土産物をあさって買い物するというのが旅のスタイルになってしまった。

お金中心のライフスタイルを「工夫」「発見」「感動」の生活へ転換すれば、お金などはほとんどいらなくなる。

たとえば、田舎では車が必需品だが、家から二〇キロ圏内では軽トラックが一番オススメ。燃費が良い。山でも川でも四輪駆動で走り回れる。税金は年間四〇〇〇円ぽっきり。五〇〇キロくらい積める。警察にも捕まらない。警察も地元でお仕事をしている人は大目に見てくれる。

つまり、生活費はかけようと思えば、いくらでもかけられる。逆に、質素で健康な生活を心がければ、お金がなくても幸せな生活は送れるのだ。

大きくすると必ず失敗！

現在、農水省は大規模経営の政策を進めようとしている。

農家の経営規模を拡大すれば効率があがって労働生産性も向上し、農産物の価格競争力が増すと思っているらしい。が、私はそれは間違いだと信じている。

現在、二〇〇万戸以上ある小規模農家を集積して、大規模な経営体四〇万戸ぐらいにして、経営体力を強くすると言っているけれど、私の考える農業経営のイメージはまったく逆だ。

小さい規模の経営体が山のようにあって、たとえば小規模経営体が五〇〇万戸くらいに増えることで、日本全体の農業が強くなる。

日本ミツバチのような小さい働き者がたくさんいて、全体として強い。

そんなイメージモデルだ。

ここで少し日本の農業について考えてみよう。

いま二〇〇万戸の農家があって、そのほとんどが兼業農家であるなら、**兼業農家はみな専業農家になるべきだ**というのが私の結論。

なぜなら、農業ほど面白いビジネスはないからだ。

農業ほど人として生きやすい仕事はない！　わざわざサラリーマンを兼業するくらいならやめてしまおう。

いまのサラリーマンは、競争社会で心と体をすり減らして、ほとんど精神病寸前で生きている。サラリーマンの読者から就農についての相談メールなどもいただくが、精神的にギリギリのところで仕事されている方も多かった。

しかし、百姓仲間にそんな人はいない。

五〇〇万のスモールビジネスモデルの集合体

トヨタのカローラがベストセラーになって久しい。一度転落したがまた復活した。トヨタのカローラには細かく分けるとビジネスモデルが二万もあるという。カローラという一つのビジネスモデルが成功したのではなくて、二万のビジネスモデルの集大成として成功したのであって、農水省の考える「集落営農」のようなワンパターンのモデルで成功したわけではないのだ。

私は、ワンパターンのモデルでうまくいくというストーリーはないと思っている。

これからの農業は、五〇〇万のビジネスモデルをつくる仕組みが必要で、そのためにはビジネスモデルの流動性向上が重要。その流動性を阻害している制度（たとえば農協）はなくならなければならない。

そもそも、コルホーズ（旧ソ連の集団農場）が崩壊して、ソビエトが崩壊したのだ。

しかし、いまの「集落営農」制度はそのコルホーズを日本でつくろうとしているのである。バカみたい！

単なるオペレーターになるから、つまらない

現在、農水省が進めている「企業的経営」「集落営農」は間違い。

だから、その逆をやれば、おのずと成功しハッピーになれる。

大規模農業は、みんなに単一作物をつくらせるという方向性を持つ。

その結果導かれるものを列挙しておく。

まず、各農家に配備されている小規模用農業機械を廃棄させ、大型機械を導入しなくてはならなくなる。この二重投資がもったいない。日本の中山間地の小規模農地に大型機械は合わないから、多くの農地を放棄させることになる。

また、いままで、経営やマーケティングをしていた各農家が単なる機械のオペレーターになり、各農家の創意工夫の意欲や機会をなくす。高齢の農業者の働く意欲（生きる力）も失わせる。

そして、ＪＡや行政の補助金による農家への支配が増すのだ。

農家はますます消費者と直接接しなくなるだろう。消費者と生産者との交流がなくなるのだ。

二〇〇万戸の農家を四〇万戸に減らした結果、一六〇万の農家はどうすればいいのか。人も農地も路頭に迷う。

一方、私のイメージする**日本ミツバチ型経営モデル**を述べよう。

農家は、各自の立地などによって得意とする作物で小さな経営をする（そのために、行政がカローラのように小規模ビジネスモデルを二万個ほど提案してもよい）。

「道の駅」などが増えてきたが、そのような生産者と消費者を直接つなぐような流通システムをさらに強力にする。

その結果、地産地消が大幅に増え、消費者の加工食品依存度も減っていくだろう。

生産者も昔からの田舎にあった料理法を復活させ、個人でつくっていた身近な自然食材も商品として流通させていける。各農家が創意工夫することで、身の回りの資源を見直し、山菜などの採集農業も復活するかもしれない。

農家のおじいちゃん、おばあちゃんが自家用につくっていた自然食のニーズもこれからますます高まる。それらは大規模化では活用されない少量の生産だが、それらも**経済ベースにのせる**ことができる。また、単一作物を大量に販売する場合は、規格外品は捨てられていたが、それらは直売で復活する。

そもそも、直売の地産地消がメインになれば、農家の利益率は大幅に向上する。

数字のおさらいをしておこう。

現在は、二四〇〇万戸の農家が一七家族（約五〇人）の消費者に出荷している。しかし、五〇〇万の農家になれば、平均八家族（約二四人）に出荷すればいいので、消費者の顔も見えるようになる。消費者により気配りができる。

現状は、二四〇万戸の農家が八兆円の販売をしている（エネルギー自給率で四〇％）。五〇〇万農家が粗収入四〇〇万円を想定すると約二〇兆円になる（これで、エネルギーベースの自給率はほぼ一〇〇％となる）。

農業という営み《ナリワイ》の本質を知っておこう

農業経営の大規模化はエネルギー効率の低下をもたらし、時代に逆行する。

農業の基本の生産力はいうまでもなく地球に降り注ぐ太陽エネルギーを有機物へ転換することである。

現在の農業は、一〇〇の太陽エネルギーをもらって植物が光合成した農産物が消費者の口に入るまでになんと二〇〇〇もの追加のエネルギーを必要としている。

大型機械による耕作生産、運搬、工場での加工、冷凍や冷蔵保管に要するエネルギー、再度の運搬・包装・陳列・販売など……過剰なエネルギーを消費している。

これはエネルギー危機を目前にした時代の農業経営の方向としてはきわめて危険、**リスク大**である。

農業経営の大規模化はその観点からもきわめてトレンドに逆行する流れだ。

地産地消が時代の流れ

もともと農産物は生産した地域で消費するのが基本だった。

スローフードの時代の流れが示唆するように、その土地で育てた食材を自分で調理して大切にいただく。これが時代の要請でもあるし、新しいより豊かな生き方のモデルでもある。

お金で問題を解決するのがスマートに見える時代は終わっている。しかし、資本に依存したメディアは声高にそれを叫ばない。

自分で小さいながらも農場を持って耕し、栽培し、まわりの住民と交換したり販売したり自分で調理したりして美味しく楽しくいただくのがこれからの豊かさの基準になることは間違いない。

食はその他の経済活動を維持するための燃料補給ではない。

食を栽培すること、調理すること、それをいただくことそれ自体が人生、生きることだと原点に返って見直してみるべし。

3

時給三〇〇〇円以下の仕事はするな！
自分の値段を自分で決めてしまえ

農業はその昔、過酷な労働集約的産業で機械化もあまり発達しなかった。

だから、「いかに少ない面積で単位収量をあげるか」という時代が長かった。

この傾向が最も突出したのは江戸時代だろう。

国力、ＧＤＰは米の総産出量で決まったし、武士の給与も藩（自治体）の年間予算も米の石高で配分する形でおこなわれた。

よって、農民の労賃を無視して、急傾斜地に石を積み上げて一、二坪の千枚田をつくって国威高揚を図った。

しかし、日本では一九六〇年ごろを境に農地の需給環境が変わる。機械化の進展とエネルギーコストの低下によって面積当たりの収量という概念は化石化しはじめた。

いかに少ない時間で収入をあげるか？

私の耕作地一三〇アールのうち四〇アール弱は借地である。

六気圧の灌漑用水が配管されていて、一〇アール当たり一万円／年の小作料で、水の費用は地主が払う慣わしである。

現代は、魅力的でない農業政策のために就農者の高齢化が進み、農地あまりが深刻で、実質**農地はタダ**で借りられる。

私のところにはその一万円もいらないからぜひ無償で土地を使ってほしいという申し出が何件も来る。農地を荒れるに任せたくないのである。

そんな時代には反収何キログラム取れますということは、ほとんど意味をなさない。

田舎に行けば土地はタダ同然。
贅沢な土地利用で、いかに労働時間を短縮するか?

機械の回転用に畑とハウスの間に遊び地を空けている。
2100坪の土地のうち、いわゆるお金を取るための作物は約600坪。
あとは趣味の園芸作物や、遊び兼自家用の果樹。
その意味で、土地の拘束率は30%以下!

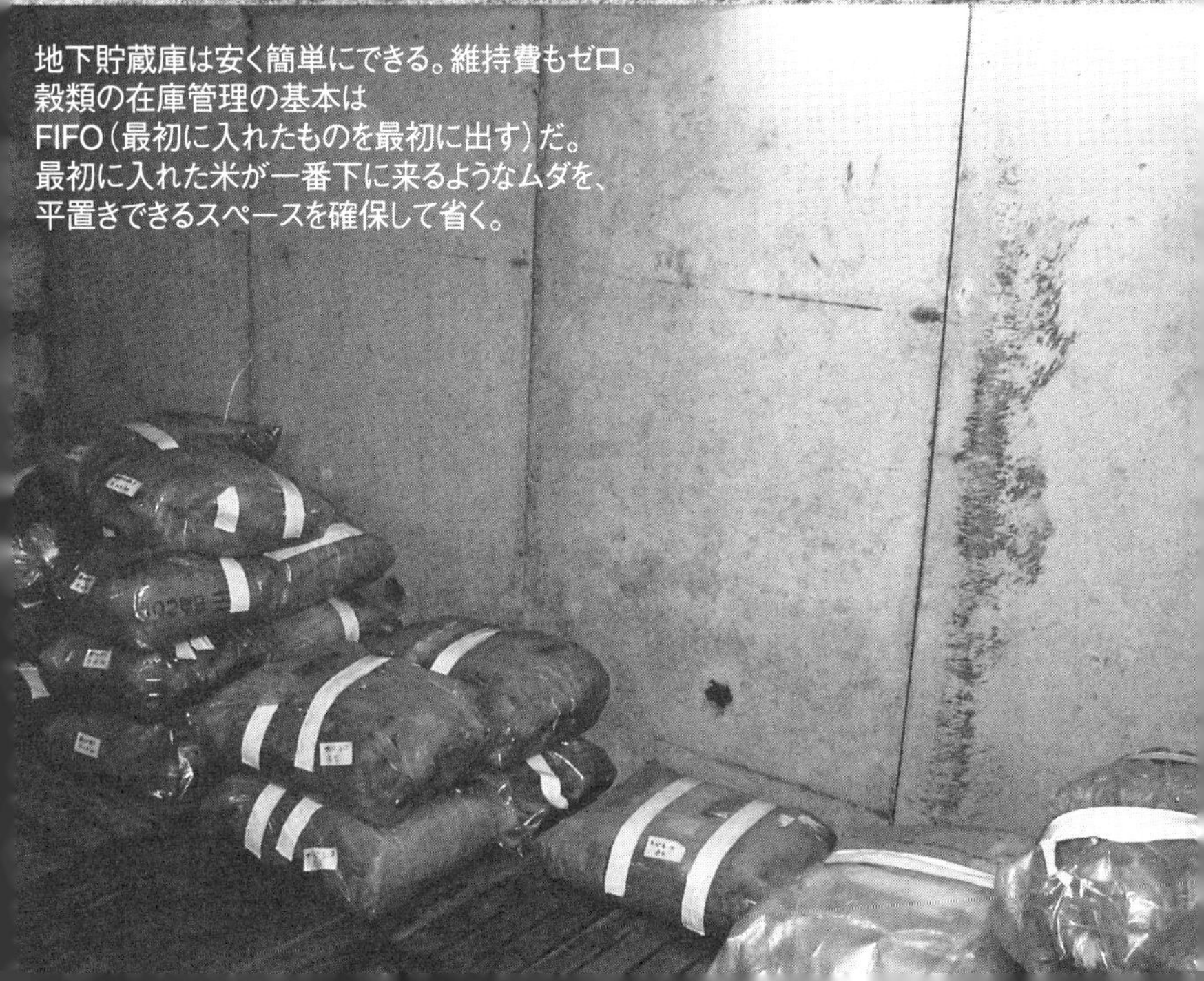

地下貯蔵庫は安く簡単にできる。維持費もゼロ。
穀類の在庫管理の基本は
FIFO(最初に入れたものを最初に出す)だ。
最初に入れた米が一番下に来るようなムダを、
平置きできるスペースを確保して省く。

「自分の労働一時間当たり何キログラム取れるか」が大切になる。

しかし、日本の社会は世の変化に鈍感だ。

田圃も畑も隅々まで作付けするのを良しとし、結果、機械が入らないし回転できないので、大幅に作業能率を落としている。

収穫時には奥さまが圃場の四隅を手で刈り取って畔《あぜ》に積み上げてやっと機械を入れ、手刈りしたぶんは手で運んで別に処理し、せっかく投入した機械化の果実をムダにしている。しかし、そんなやり方をみんなは美しいと評価する。

きわめつけは果樹農家によくある例だが、隣の畑が使われずに荒れ果てているのに、ぶどうやみかんの畝間《うねま》にいろいろな野菜などを栽培しているケースだ。

もちろん本人もまわりも土地をムダなく利用する働き者のお百姓さんというイメージでプラス評価をする。

私に言わせれば両方の作物の作業効率を阻害し、作物の根は互いに交錯するので双方の作物の肥料設計がめちゃめちゃになり、品質は低下し収量は落ちる。あげく片方を防除しようものならもう片方の作物には無登録農薬がかかってしまう。

こんな一七世紀、一八世紀の価値観を引きずっているのは、行政もＪＡも普及所も**お百姓さんの「標準労働単価」**を設定してこなかったためである。

標準モデルとしての時間単価が決まっていなければ、どんな指導も助言もできるはずがないのに。だから、ときには単価「〇円」として、別のときには「一〇〇〇円」を想定して指導している。鞍馬天狗のようでとらえどころがない。

指導といえば聞こえは良いが、お百姓さんがそれに従うわけもないし、理解するすべもない。米国のビジネスマンで私の友人の一人が日本のビジネス慣行を「根回し」「かき回し」「後回し」と評したが、農業の世界も一緒だ！

ちなみに私は就農三年目から標準時給「三〇〇〇円」を設定して使用している。

これを決めただけで選べる作物、作業方法、販売手法など多くのことが**必然的に明らかに**なってくる。

4

自分の取り分はこうして増やす

なぜ、「米」をつくってはいけないのか？

農業をするにあたって、何を作ろうか？　と、いろいろな作物をシミュレーションしてみた。

その結果、「これをやってはいけない！」と決めたものが二つある。

「米作り」と「畜産」である。

就農前、どの作物をつくれば、どれだけ収入があって、いくら儲かって、どのくらいの労働時間が必要かをデータ化した。

そして、労働収益性の高い順に並べてみると、お米（普通水稲）はビリだった。

確かに、お米の労働生産性は低くない。時間当たり二〇〇〇円の売り上げがある。

これだけ差が出る！
生産性ではなく収益性に注目しよう

項目	作物名	粗収入	所得	労働時間	生産性	収益性
1	施設　金柑	¥1,350,000	¥858,400	393	¥3,435	¥2,184
2	無加温　ぶどう	¥1,200,000	¥750,800	400	¥3,000	¥1,877
3	ハウスみかん	¥2,500,000	¥1,341,500	800	¥3,125	¥1,677
4	日向夏	¥540,000	¥384,000	258	¥2,093	¥1,488
5	畝間ハウスアスパラガス	¥75,000	¥43,000	32	¥2,344	¥1,344
6	サトイモ	¥225,000	¥120,744	109	¥2,064	¥1,108
7	ブロッコリー	¥170,000	¥64,692	63	¥2,698	¥1,027
8	半促成キュウリ	¥1,800,000	¥1,102,520	1088	¥1,654	¥1,013
9	ハウススイートコーン	¥520,000	¥242,868	244	¥2,131	¥995
10	露地　金柑	¥500,000	¥357,100	363	¥1,377	¥984
11	促成ピーマン	¥3,000,000	¥1,437,254	1579	¥1,900	¥910
12	加工用甘藷	¥157,500	¥62,399	74	¥2,128	¥843
13	人参	¥176,000	¥107,567	130	¥1,354	¥827
14	スイートスプリング	¥300,000	¥168,700	207	¥1,449	¥815
15	早期水稲	¥154,000	¥44,950	56	¥2,750	¥803
16	ハウスしょうが	¥1,200,000	¥505,565	652	¥1,840	¥775
17	生果用甘藷	¥240,000	¥144,899	200	¥1,200	¥724
18	梨	¥500,000	¥273,700	380	¥1,316	¥720
19	抑制キュウリ	¥1,200,000	¥478,217	880	¥1,364	¥543
20	トンネルスイートコーン	¥195,000	¥61,870	139	¥1,403	¥445
21	白菜・キャベツ	¥160,000	¥56,096	132	¥1,212	¥425
22	大豆	¥63,840	¥10,948	28	¥2,280	¥391
23	夏秋キュウリ	¥900,000	¥299,000	845	¥1,065	¥354
24	千切り大根	¥150,000	¥35,440	154	¥974	¥230
25	加工用大根	¥105,000	¥27,582	120	¥875	¥230
26	普通水稲	¥119,000	¥9,128	57	¥2,088	¥160

（10アール当たり年間。就農前の1989年にシミュレーションしたデータ）

手元に残るお金

収益性の高いものから順に並べてみた。
どんなビジネスでも、ハイリスク・ハイリターン。
もしくは、ハイテクノロジー・ハイリターンだ。
高収益を得たいなら、高い危険をともなう作物か、
高い技術が要求される作物をつくらなくてはいけない。

だが、経費を引くと、百姓の手元には一六〇円しか残らない。

どこかで**誰かにピンハネされている。**自分の取り分が少ないのだ。

誰がピンハネしているのか？

おそらく機械屋だろう。

百姓の稼いだお金は、ほとんど機械屋さんにいってしまうのだ。

米作りをしないほうが良いと考えた最大の理由は、この労働装備率の高さだった。稼働率が低く、価格が高くて壊れやすい機械がやたらたくさん必要で、それが日本の米作りを成り立たなくしているのだ。

個々の農家のせいではない。日本の農業を指導する人たちが間違ったとしか思えない。

米作りを近代化しようというとき、機械化は避けて通れない。

その場合、最も低いコストで米をつくろうと思えば、当然、最小限の労働力と低い労働装備率を狙うはずである。

しかし結果は、なぜかそのような「最適化」がなされずに、江戸時代の工程をそのまま機械化してしまっている。

これでは面白いのは機械メーカーだけで百姓はまるでつまらない。

米は〝イカン！〟

現在、稲作は、農水省が「米だ！　米だ！」の一辺倒だから、一部の減反や転作奨励金目当ての農家がいつ補助が打ち切られるかとびくびくしながらつくっている状況だ。

就農以来、まわりから「百姓なら自分の食うぶんぐらいの米をつくりなよー」と言われ続けて来た。

しかし、

❶米は労働装備率が「過大」

❷労働／面積収益性が「過小」

❸高温／高湿／台風常襲地帯ではリスク「過大」

❹減反や補償制度等の圧力で言うことを聞かせようという仕組みがストレス「過大」

❺政府が足を引っ張りながらにしては、推進の仕方が「過大」

という、五つの「K」が「an《アン》」ので、五－Kan（イカン）と言って、人にはオススメできない。

リスク大！の作物を知っておこう

もう一つの「畜産」は、**国際市場への依存度**が高すぎることがリスク要因として解決困難に見えた。

私の就農当時、中国など少ない富の配分に甘んじていた国においてGNPの急激な増大に伴って肉食依存度が高まり、穀物市場の流れが変わると想定されていた。

わかりやすくいえば、世界で億万の民が飢えているのに、一部の人々に飽食を提供するために、その一〇倍の人々をさらに飢えさせる食の構造が私の畜産に対する興味をそいだ。

つまり、穀物をそのまま食えば一〇人の人間を養えるのに、その穀物を使って牛や豚を肥やし、結局、その肉を食うことでは一人しか生きられないという構造である。

さらに別の切り口では、どこかの天気が悪かったり、どこかの国が戦争をはじめたりするたびに穀物価格が急騰し、牛飼いなどは餌が高くて買えないと、右往左往することは目に見えていた。

あまつさえアメリカなどは過去に何度も自分の意に沿わない動きをする国に対して穀物輸出規制をちらつかせ、従わせてきた。

そのようなリスク評価の結果、その二つの分野には手を出さないと決めた。

まず、**自分の生きていける農業**をしなきゃいけない。

自分が高収入をあげて、文化的な生活をしていくためには、利益率の高い作物をつくらなくてはならない。

スギヤマ式経営戦略では、夫婦二人で年間総労働時間は三〇〇〇時間（平均すると週休四日になる）で、それ以上はあくせく働きたくはない。


私は、日本の農家はすべて利益率の高い作物をつくれば良いと思っている。

では、日本の農家全員が米をやめて、ぶどうをつくってもいいのか？

いいんです！

全員がぶどうをつくればいい！

労働生産性の高い、労働収益性の高い作物というのは、リスクが大きいか、高い技術を要求される。

高い技術というのは、物作りの技術だけではなく、経営技術、販売技術も含まれる。

そういう技術を活かさない限り高収益性は望めない。

だから、みんながそういう作物に動いていけるような流動性が必要なのだ。

みんなが自由に作物を選択できて、自由に売る。売りたいところに売る。そういう仕組みをつくる努力をしなければ、市場の最適化（見えざる手）ができない。

私が米作りをしないワケ

日本の百姓がみな米作りをやめるとなると、「食糧自給率」や「食糧安全保障」というのを持ち出す人もいる。

「食糧安全保障」とは、食糧の多くを輸入に頼っていては、いざというとき日本が困るという考えに基づく。

しかし、「食糧安全保障」などは、いち農家が自発的に負うべき義務ではない。そんなもの、いち農家は負わなくてイイ。

それは、政治が国民に対して担保すべき義務だと思うからだ。それが放棄されているのが根本的な問題なのだ。

そもそも、「エネルギーベースでの食糧自給率一〇〇％」を確保しない限り、国民の安全は保障されない。

アメリカも、過去何度も輸出停止を戦略的な武器に使っているから、エネルギーベースでの食糧自給率は一〇〇％でない限り、自律的な日本の農業政策はありえない。

だから、少なくとも自給率一〇〇％を目指すべきで、それ以外の目標はありえない。

そして、自給率一〇〇％は別にむずかしいことではない。

日本のお百姓さん全員で生産している生産額は年間八兆円かそこらだ。国の年間予算の一〇％でしかない。市場が吸収しきれない作物を全部買い上げて、ODAでばらまいても、それで国民が守れるなら、減反などせずに自由に作物をつくらせるべきなのだ。

もし、農家が「食糧安全保障」のようなことに対して責任を感じるならば、せめて選挙ではその担保を保証しない政党を支持しないように。

もっともっと高い作物を！

現代は飽食の時代で、満ち足りてしまっているから、主食、お米に魅力を感じない。

だから、いまの低価格になっている。

もっとお客さまが魅力を感じるようなものをつくらねばならない。

では、消費者は何に魅力を感じているのか？

主食ではなく、おかずやデザートに魅力を感じているのだ。

マーケットが求めてないものを、わざわざつくる必要はない。

だから私は、全員がぶどうでもマンゴーでもつくればいいと思っている。

もっと高い技術が要求されて、付加価値の高い作物をつくればいい。

ただ単に米をつくるというのは、求めてないものをつくるから、減反を割り当てなければならない。

「一〇〇円ショップ」のオーナーになるな！

たとえば、「ベルト」。一〇〇円ショップでも一〇〇円で買える品物だが、別の店では二〇〇〇円で売っている。

同じ品物をつくるなら、二〇〇〇円で売りなさい。

二〇〇〇円で売れるような工夫をしよう。

「農協への共販」というのは、一〇〇円ショップの品物をみんなでつくろうという論理だ。

だから、消費者は我々の作物を簡単に捨てられる。

一〇〇円で買って、半分も食わずに捨てたりしているのだ。

丁寧につくって、丁寧に売って、付加価値をつければ、**五分の一の規模でも**経営は成り立つ。

そういうつくり方、売り方を考えて売っていれば、誰も食べ物を粗末に扱わなくなるだろう。

自分のつくったものの値段は、自分でつけろ！

安売りしてはいけない！
いまの価格の五割増しで売ってみよう。
どうやったら高く売れるか？　考えてみることが大切だ。
あるお百姓さんに聞いたことがある。
自分のつくっているぶどうをなんでそんなに安売りするのか？
「いや、そんな値段では、ここでは売れない」

「この辺では誰もそんな値段では買わない」

と言う。

自分に自信がないのである。

たとえば一キロ八〇〇円で売っている。その値段でしか売れないと決めてしまっているのだ。

その時点で自分に負けている。

なるべく自分の労働を高く評価しなければならない。

そのためには、最初から自分の労働を、たとえば一五〇〇円だと決めてしまうのだ。

もちろん、八〇〇円で売っていたものがすぐに一五〇〇円で売れるわけはない。

しかし、一五〇〇円で売る努力と工夫を五年でも続けていれば、やがて一五〇〇円で売れるようになっていくのだ。

「どうやったら売れるか」を考えていると、いつの間にか価格向上をテーマにいろんな人に聞いて歩いたり、自分で調べたりしている。すると何年後かにはその問題は解決している。

しかし、何も考えなければ何も変わらない。

「自分の価格で絶対売ってやる！」と思っていれば、必ず売れるようになるものだ。

農産物を心で売る方法❶

どんな情報でも喜ばれる

2章で「価格設定」の試行錯誤については詳しく述べるが、ここではその基本原理を書いてしまおう。

お客さまは今日のような「飽食」の時代には食品をみんな「心」で買いたいと願っている。しかし、そうするための判断情報が提供されていない。

持っているのは価格と販売店と**農産物の外観だけ**である。したがってやむなく外観の良し悪しで判断してしまうことになる。

ではどうしたら「心」で売れるか？

「心」を言葉で伝えることである。

お客さまはほとんどの人がそんな付加情報を求めている。

自分のつくった作物への思い入れ、栽培に関するこだわり、生産者の愛情の発露としての調理法や食べ方、保存法、そのほか何でもいい。作物を育てているときの圃場の様子でも管理の難しさでも、天候と品質のことでも何でも伝えたいという気持ちがあれば、お客さまは喜んで聞いてくださる。

そして、その情報が付加価値になって二倍三倍の価格でも買ってくださるようになる。もちろん生産者がお金のためだけで栽培していたら伝えられない。「心」がこもっていなければ、作物に「愛情」を持っていなければならないのが大前提だ。

愛情ほど能弁なものはない。自分のつくるものを熱く語れ！

農産物を心で売る方法❷

プラスの循環を目指さない姿勢は見透かされる

付加情報付きの農産物をお客さまはムダに食べ散らかしたりしない。ありがたく丁寧に全量消費してくださる。だから高くても結局はお客さまの身にもつき、有効に働き、消費者と生産者双方にとって有益になる。

もちろん生産者も単に利益を上積みしてボロモーケするためにそれをしてはならない。生産量を減らし、労働時間を削減して、地球環境に寄与しながらより丁寧に高品質のものを栽培し、生産者の生活の質も高めるという、プラスの循環サイクルに移行しなければならない。さもなくばお客さまはすぐ下心を見透かして次のリピートはない。

5

あなたを働きアリにさせる大きなワナ？

JA（農協）とどう付き合うかですべてが決まる！

日本で農業をするには、ＪＡ（農協）なる組織をうまく利用しなくてはならない。これまでも述べてきたように、この組織はかなりやっかいである。あなたが何も考えずにＪＡに頼りっぱなしなら、いつまで経っても農からお宝を引き出すことはできない。

就農直後はＪＡの人たちに大変お世話になった。私もとても感謝している。

就農前の農業経営コンピューター・シミュレーションのための元データの提供から就農後の農業指導などで助けていただいた。

しかし、進歩はしているのかもしれないが、ほとんど停滞しているように見えるのが、

ＪＡのサービス水準、技術水準、情報管理水準だ。これが、一日も止まらずに進化し続ける百姓たちのレベルとの差を拡大し、埋めようもなく大きく開いた。

私は、過去一〇年、主要なサービスはＪＡに依存していない。

「ＪＡ」……、私はこの愛すべき組織をいろいろな立場で日々眺めてきた。

①メリットがある場合のみ、いいとこ取りで利用するユーザーとして
②農産物を出荷して販売委託しているいち農家として
③ＪＡに出資しているいち資本家として
④配り物や種苗などの注文取りなど使いっ走りをする総代（地区組合の代表）として
⑤同じく所属しているいち町民として

①メリットがある場合のみ、いいとこ取りで利用するユーザー

灯油を買っていたことがある。

町外のディスカウンターで一リットル三五円のときＪＡは五一円。しかしサービスが良い。月二回わが家のタンクをチェックして注ぎ足してほしいと頼んだ。

不思議なことにＪＡでは一リットル買っても一〇〇リットル買っても、配達でも店売りでもすべて単価が同じである。経営者がサービスというものは無料だと思っているらしい。

しかし、ＪＡのチェックミスで三回タンクの灯油が底をついてボイラーを止めなければならなかった。さすがに、三回目にはＪＡの灯油をやめる決断をした。

これで冬季には月二〇〇〇円以上の経費節減ができた。サービスが無料だと思っている者にはその価値はわからない。

ダンボールやパックなど包装資材も当初は依存していた。しかしよく在庫を切らす。在庫管理システムというものを持っていないし、そのような概念もない。やむなく自分で多量の在庫を持たなければ生きられない。いっそそれならオリジナルブランドでつくったほうがコストも安くて訴求効果も大だ。それでやめた。

肥料設計ソフトも自前でつくった。

肥料名の右に必要と思われる袋数を入力するだけで要求量に対する充足率が肥料成分ごとに%表示され、土壌ＰＨの変動や予算に対する割合も瞬時にわかる使い勝手の良い表である。堆肥や気温の影響などの見込みをつけ多種類の肥料群の中から五～六種類の肥料と袋数を予算とＰＨと成分充足度を見ながら数分で絞り込める優れものである。

ＪＡの資材部に行って肥料を登録したいので主要な物について成分と価格を教えて欲しいとお願いしたとき、担当者は外部業者に漏れると困るから教えられないと断られた。以来、多量に使う肥料ではソフトの制限でＪＡは利用できなくなった。

肥料も一袋でも一〇〇袋でも単価が同じという信念は固いようだ。

以上三例をあげたが、このようなことを続けていたらＪＡを利用できることなど遠からずなくなる。

情報やサービスはタダではない！

数量ランク制の販売価格体系を採用して、大口ユーザーをそれなりに優遇するサービス競争力を用意すべきだ。

あらかじめ条件に合った需要予測を提供する農家には価格メリットを出し、予測を大幅に下回ったユーザーにはペナルティーを科しても良い。要するに情報やサービスはお金だ！　と相互に確認できるシステムの構築が急務だ。

ＪＡは日本で最大のバイイングパワー（大量購入によって安く仕入れることができる力）を持っているはずで、それを農家に還元する必要がある。

川下の私のところまで流れてこないのは川上の上部組織でそのメリットを食い潰しているからか？

②農産物を出荷して販売委託しているいち農家

その昔、金柑を持ち込んだら「仕方がない、売ってやるよ」と言われたことがある。「ありがとうございます。がんばって高く売らせていただきます」でしょう！　と言いたかったが、そんな文化を持ち合わせない人に言っても摩擦が増えるだけだから言うのはやめた。

近年でもぶどうのパックを出荷してほしいと割り当てが来たとき、「予定価格はいくらですか？」と質問したら、「安ければ出荷しないんですか？」と切り返してきた。さすがにこのときは、私は彼の上司をよびつけてお説教をした。

しかし、これは彼の問題でもその上司の問題でもない。じつは、ＪＡという組織の文化の問題なのである。

就農当時に比べてＪＡを取り巻く環境は変わった。

当時はほとんど「共販」一本槍だったのがいまでは生産者も泣き寝入りしなくなってきた。私のまわりの農家の出荷形態もさまざまだ。

独自の販売チャンネルを持つ篤農家や私のように農産物のほとんどを最終消費者に直売している人。販売会社を設立して共同出荷している人たち。出荷組合をつくり流通業者と契約し、出荷している人たち。など、さまざまだ。

もちろんＪＡを通じて共販している人たちもいる。

なぜ、農協があるのか？

ＪＡはみんなを助けてくれて、いいところもあるが、すべて足したら害のほうが多い。

やはりＪＡはないほうがいい。

その最大の理由は、自由な競争を阻んでいるからだ。

たとえば、自分の農産物を買ってくれる人が五人いて、その中の一番高く買ってくれる人に売れる。売り先を自分で自由に選んで売れる。資材も自由に好きなところから買える。それができない！

選択の自由があれば世の中は動くけれど、選択の自由がないところでは世の中は動かない。

ＪＡの弊害の例はたくさんあるが、たとえば、ハウスを建てようとしたとき、私が値切って建てれば二〇〇万円で建つ。しかし、現実には三分の二の補助が付きますと言われて、見積りは三〇〇万で出てしまう。それでお百姓さんは補助金の二〇〇万を見越して、三〇〇万で買って、実際は一〇〇万円しか払わない。

だから、お百姓さんはみな**三〇〇万を二〇〇万に値切る必要はない**と思っている。

「俺の払いは一〇〇万円だけだから、二〇〇万円のハウスよりは安く買えた。よかった」と思っていて、それで世の中が、すべてがすんでしまっている。

それが日本を貧しくしている。農業資材の供給者を甘やかし、競争努力をさせず、お百姓さんもそれで満足している。

お百姓さんも安く買ったものだから、とことん使い倒さないで、すぐ捨ててしまっている。

その原因の中心が農協なのだ。

農協という組織が独占的に国の補助金などを扱う窓口になっていることが、原因の中心なのではないか。


このハウスのような事例がたくさんあるのだろう。

私は、あらゆる場合に農協がなかったらどうなるのかを常に考えてみる。

すると、山のような項目がガラッと変わって、世の中の仕組みも変わるのではないかと思い当たる。

私の住む町にはガソリンスタンドが四つあるが、このガソリンの値段もみな農協の値段にそろえている。農協が決めた値段に合わせている。

農協がなかったら、それぞれの経営状態に応じた値段をつけて、競争が働き、ガソリンの値段も変わってくるだろう。

このようなことが日常たくさんあるのだ。

農協がなくなれば、世の中の経済システムはすごく違う。日本の農業は圧倒的に活性化して、米以外のものを自由につくれるようになるだろう。

では、なぜ、農協があるのか？

よくわからないが、「納税組合」と同じようなもんじゃないか。

「納税組合」がなくなってみると、役場の人はみんな言う。「あれはよかった。組合を通して要求を納税者に通すことができた」と。

農協とは、政治がその仕組みを使って、農村をコントロールするためにあるのではないか。

だから、農協はなくならないのだろう。

＊

昔から行政や権力に「おじ」たことはない。

自分の信ずることと世の中が違っていれば、世の中が間違っていると考える。

法による規制が立ちはだかれば、それは誰か「我田引水」したい輩が世の中の流れを捻じ曲げてつくった法だから、守るべきものではないと確信する。
そう育ち、生きてきた。
もう残りは少ないから、このままの方針でゆく。楽しいよ～！

❷ スギヤマ式
スモールビジネスのコツ

経営術を身につける唯一の方法

……それは失敗すること

本書は「スギヤマ式農業経営術」を、誰にでもわかりやすく公開している。

これを読めば誰でも経営者としてうまくいくのだろうか？

「経営は学ぶものではない」「経営者は育てられない」という意見があるが、私は真っ向から反対する。

経営者は育てられる！

経営なんて誰でも学べる！

もちろん、学校で簿記を教えるように経営者が育つわけではない。

経営者が育つポイントは一つ。

失敗すること。

何度も失敗して、向こう傷を負って経営者は成長する。

私も含め、成功した農業経営者は失敗もし、そして、古い慣習（農協文化）ともケンカして傷を負って育ってきた。

まずは失敗すること。そして、失敗した人を助ける仕組みが必要だ。

行政のセイフティーネットは必要だが、これまでの農政は、「補助金」などで、失敗させないようにお金を出してきた。

これからの日本の農業のイメージは、小さな五〇〇万戸の農業経営者が育つことだ。

何度失敗してもいい、小さな経営者として育っていけばいい。小さい経営なら再生しやすい。

失敗するチャンスを平等に与えてあげることで、自動的に経営者は育つ。

そのチャンスを奪う「補助金」などに守られていては、優れた経営体となることはできない。

本章を読んで、少なくとも失敗を恐れない姿勢だけでも学んでいただきたい。

まずは失敗しよう。

そして、その失敗の仕方にもコツはあるのだが、それは本書で学べばいい。

私は、いろんなことをやって、失敗してきた。

人のマネはしない（差別化経営）がポリシーだから、普通の人がやらないことをやって、一〇のうち九は失敗している。

しかし、その一つの成功でも、その成功をだんだん溜めていくことで、普通とはかなり違う経営体になってくるのだ。

やりたいことはすべてやってみて、試してみて失敗する。

うまく成功すれば、それを溜めていく。

まず、自分の経営をどのようにおこなうかの基本的な考え方を決めておく。私の場合は78ページのような「経営戦略」を立てた。そして、それにともなう戦術を考える。それら、戦略、戦術に照らし合わせて、失敗か成功かを判断するのだ。

新米百姓のうちは、新米であるがゆえに農耕の奥深さを知らず、ちょっとうまくできたりするとすぐ天狗になり旧来からこつこつがんばっているお百姓さんの評価を忘れる。

しかし、おだてられて木に登った豚はいずれ当然の帰結として落ちる。

これも周囲にささやかな笑いと、リベンジの癒しを撒き散らし、ぎすぎすした人間関係に潤滑油を注す程度の貢献はできるかもしれない。

「必豚落樹」という造語が好きだ。

ブタはおだてりゃ木に登る。木に登れば、必ず木から落ちる。だから、失敗を恐れずにという意味で使ってみよう。

戦略③
長短期事業計画を持つ
↓
戦術
目標を決めてから動く!

競合他者の
一歩先を行く経営

―「夢」を持って経営する
―研修費、研究費は惜しまない
―新しい計画はシミュレーションする
―5年後までの計画を毎年更新する

戦略④
個人経営
↓
戦術
「自家労働」で成り立つ経営を

リスク最小経営
&
高効率経営

―時間が余ってもアルバイトしない
―アルバイトは原則雇わない
―雇用で規模拡大しない

戦略⑤
お客さまの笑顔を財産に
↓
戦術
お客さまを大切にする

「お得意さん政策」で
生き残る経営

―お客さまと話をたくさんする
―顧客管理システムをつくる
―必要に応じ「対応マニュアル」をつくる
―お客さまとの一体化～私生活でも交流を

スモールビジネスに必要な経営戦略

目的から導かれる戦略と戦術を以下にまとめてみた。

戦略①
売り上げ目標は小さく
↓
戦術
利益率の目標を高く
ー「時給」を決めてしまう
ー時間収益性の目標
ー年間労働時間の目標
ー作物ごとの生産性を吟味する
ー複数の製品の柱でリスクを分散

← **安全な経営 & 自由な経営**

戦略②
すべてを数で把握
↓
戦術
パソコンを活用
ーすべての情報はPC上に
ー労働時間を管理する（何にどれだけかかったか）
ー経営情報データベースを構築

← **目に見える経営**

1

スモールビジネスの極意

「ムリ」「ムラ」「ムダ」をはぶく

農機からヘッドライトをはずせ！

まず「ムリ」についてこんな例がある。

私の家のまわりには広々とした畑があるが、夜一一時すぎ、午前三、四時に、トラクターの唸《うな》る音がしたりする。見てみると働き者の青年がヘッドライトを点けて畑を耕したりしている。

しかし、ヘッドライトの狭い視野で仕事をするのは、そもそもムリがある。

事故を起こす危険も大きいし、ケガをする確率も高い。

ムリをするのが美徳だった時代は終わろうとしているのに！とひねくれ者の私は思うのである。

もちろん、私のトラクターにもライトは付いている。しかし、過去一七年間それを点灯して仕事をしたことはない。

お百姓さんに必要なのは働くことではない。自分の労働時間を自分で管理することなのである。

従来の経営者がおちいりやすい間違い❶

「できるだけがんばる」の発想

これは、働き者ほどおちいりやすい。

働き者のお百姓さんほど、家族労働で最大の、ときには雇用してでも、できる限り規模を大きくして経営をしようとしている。

働き者は大規模経営をしようとしがちだ。

しかし、その結果、朝から晩まで必死に働いて、能力以上の面積をやろうとして、作物の管理に「ムリ」が出て、栽培の管理に「ムラ」が出てくる。つくったものも完全に売り切れないで、たくさんの「ムダ」を出してしまう。

「スモールビジネスの極意」とは、この逆をやってみることだ。

自分たちの食べていける最小限度の面積で栽培し、丁寧に収穫して、丁寧に販売する。

そうすることで、作業にもムリがないし、すべての作物にちゃんと目が行き届く。よって、規格外品をたくさん出してしまって、捨ててしまうといったムダをなくす。

その結果、投入したコストが小さくなったぶん、利益率が向上して、効率が良くなる。

大規模に大規模に、可能な限り大規模にといった方向で取り組むと、栽培そのものも粗

「できるだけがんばる」の発想を捨てる

働き者はどうしても能力以上の
面積をやろうとしてしまう。(ムリ)

大きく、大きく……
↓
管理がおろそかになってしまう。(ムラ)
↓
作った物も完全に
売り切れない……(ムダ)

スモールビジネスの極意は……

最小限度の面積で栽培

丁寧に、丁寧に……
↓
余った時間で工夫・改善
豊かな時間を過す
(趣味、交流……)

放になるし、品質もムラが出てくるし、出荷もできない規格外品が出てそれを廃棄しなくてはならなくなる。

したがって、「スギヤマ式経営」では、まず可能な限り小さくつくっていく。それを丁寧に栽培し、丁寧に販売して単価を高くして売る、規格外品の割合も低くする。

従来の経営者がおちいりやすい間違い❷

補助金に頼るとアウト！

補助金が付いて安く買えるとなると不必要なものをついつい買ってしまう。必要なものでも、自分がとことん納得できる仕様まで検討を深めない。与えられた仕様のモノを買ってしまう。

そうして補助金が投入された結果、最後まで使われずに捨てられてきた資材や施設を私はさんざん見てきた。

結局、身銭を切って、自分に合った仕様のものを購入したほうがムダもないし、捨ててしまうようなこともない。

私はここ一〇年以上、一円の補助金ももらってない。だから補助金をもらって買うより、三倍以上のお金を払って資材を購入している。もったいない？　いや、しかし、最終的には買った機械は最後の最後まで有効活用し、ムダをしていない。しかも、ムリ、ムラな作業を省くことで効率はあがっている。

このことが経営上、大切なポイントなのだ。

なぜ、農作業にはムダが多いのか？

農業ほど検討項目が複雑に絡み合った産業はない。

ちょっとむずかしい表現をすると、農業経営とは「無限変数の工程管理」である。

作物の栽培管理をしていても、結果に影響する項目があまりにも多すぎる。しかも、その影響は見えづらい。

このことを私は「農の冗長性」とよんでいる。

日照、雨、気温、地温、肥料成分のバランスと濃度、土の中の微生物相、害虫や病気の襲来などなど……無限の要因がある。それらが織りなす、オーケストラの演奏のように絡み合った結果が、作物の収穫として現れる。

それらの要因は目に見えないまま大きく動いて、結果を生んでいる。

だから、お百姓さんは、何かを与えすぎても、手を抜きすぎても、手間暇かけすぎても、結果からその影響を判断しづらいのだ。

これが「ムリ」「ムラ」「ムダ」を生み出す根本原因なのである。

「ムダ」な作業をし、「ムダ」な資材を投入しても、別の要因でたまたま結果が良ければ、丁寧すぎる作業や、高い資材の結果だと思い込む（思い込みたい）。

逆に、手を抜きすぎて「ムラ」な管理をしても、少ない肥料であっても、たまたま結果が良ければ、「この程度でも大丈夫だ」と思い込める。

これを「**冗長性に甘える**」という。

冗長性の悪弊はまだある。

たとえば、お百姓さん一人当たりの適正な栽培面積を超えて、「ムリ」な規模に拡大しても、短期的にはなんとかなってしまう。なんとかなっているように思い込める。

しかし、その結果は、収穫物のみならず、家族の肉体的、精神的健康に、じわじわとボディブローのように効いてくる。

そんな「ヤバイ働き者」の例を数多く見てきた。

労働時間の管理だけでもライバルとの差は大きい

では、この「農の冗長性」とどううまく付き合えばいいか？

確かに、検討する要因が多いことは管理をむずかしくしている。しかし、農業経営上の長所にすることもできる。

ポイントは、各要因の適正な点をどう見つけて、自分でコントロールするかだ。

巻末に「果樹園経営 Consoli Pack《コンソリパック》」を紹介した。

あなたの経営の中にも、過度にではなく、負担にならない範囲でデータをとってみることをオススメする。

とくに労働時間の管理は手間もかからず簡単だ。

私の知る限り、労働時間を管理しているお百姓さんはまだいない。

まずは、そこから差別化を図って、一歩リードしよう。

アイデアを生むための「非常識」

本業の果樹園経営のかたわら小さな畑一枚で米と小麦の輪作をしている。

栽培規模からいってもこれは趣味の園芸である。

収穫物は自家用。周囲や訪問者にもこの畑の穀物は「経済作物」ではありませんとつねづね説明している。できが悪かったり、草に埋もれていることへの言い訳でもある。

では、私の「経済作物」の定義とは何か？　それは、わが家の「農業経営管理基準」によっている。

●労働生産性が「三〇〇〇円／時間」以上
●時間で収益性が「二〇〇〇円／時間」以上
●時間かつ労働需要を「三〇時間／週・人・年平均」以下

の条件を満たす作物だけを「経済作物」としている。

この基準からすると週休四日ほどの空いた時間ができ、それでは身がもたないから何かやろう！　ということで輪作をはじめた。

ヒマなときに楽しみながらつくる農作物であるから、まともな手法で取り組み、わずかばかりの収入を得るのでは面白くない。

したがってあらゆる面で常識に反抗したつくり方をすることで、ビジネスに活かせるアイデアが見つかる。

非常識① 百姓の美徳を疑え!

畑は隅から隅までムダなく土地を利用するのが昔から百姓の美徳である。

田の畔には黒豆を植え、草刈ではそれらを避けて作業する。よって効率は大幅に落ちた。果樹園には樹々の間を耕運して野菜を植える。

この野菜への施肥が、果樹の肥料設計を狂わせ、野菜への害虫を防除したら、果樹には無登録農薬がかかってしまう。

しかし、誰もそのことを意識していない。

極めつけは千枚田!

いわゆるたくさん(千枚)の棚田のことで、山の斜面につくる小さな(狭い)田んぼのことである。

膨大な時間と労力を投入して石を積み上げ、棚田をつくって一、二坪の田を傾斜地につくり、江戸の米本位経済体制に協力させた。

棚田が美しいと気軽に言うな！
生産性低下のツケは百姓にまわる

棚田

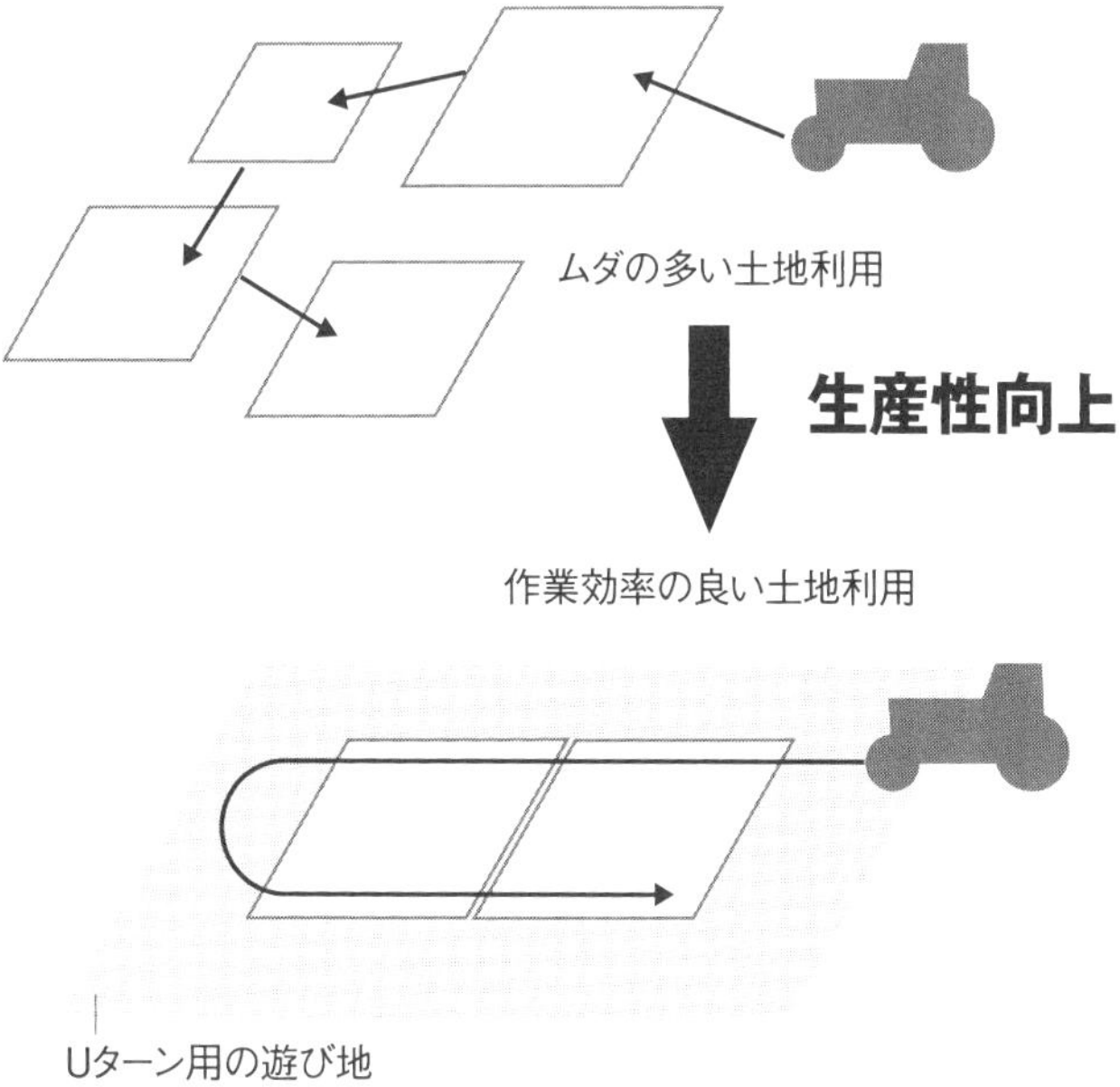

そこでは百姓の労働単価は「ゼロ」。

百姓からは絞れるだけの租税を収奪して「生かさず殺さず」の政策を押し付けた。

その思想がいまも引き継がれている。

「棚田が美しい、保存せよ」と気軽に言うな！

生産性低下のツケを支払うのは誰だ！

前置きが長くなったが、私の二枚の畑は前後に二メートルから六メートルの遊び地を空けている。

トラクターや中耕用の管理機、稲や麦を刈るとき用いるバインダーの回転用である。

いまでもほとんどすべての農家は田の隅々まで植え、収穫時は隅二メートルぐらい手刈りしている。農政不在で土地があまっているいま、一坪の年間借地料はここ宮崎県綾町では、四角で、平らで、道路に面していて、畑地用灌漑用水が整備されていて、バルブをひねるだけで六気圧の水が五〇ミリの水栓からあふれ出て使い放題の土地で、その用水の費用も先方持ちで……、坪当たり三五円弱！

もし傾斜地や隅の三角地なら無料！　荒らさず、痩せさせず管理してくれる人がいるなら頼んで使ってもらうという状況である。

そのような状況下では畑を隅々まで有効活用することは労働生産性のみならず、収益性の点でもデメリットとなる。

非常識②　除草剤いらずの除草

普通、麦を播種したら除草剤をまく。

これで収穫まで草の心配はなくなる。

しかし、私はそれをしない。代わりに草丈五〇ミリぐらいのときから五〇センチの畝間を一輪管理機で中耕する。

すると、畝間の雑草は土をかき回すので根が抜けるかさもなくば土に埋もれて枯れる。畝上にも土がかかるので二〇～三〇％の麦も埋もれるが草も埋まって枯れる。これをおよそ三週間のインターバルで三回おこなう。除草はこれだけ。

よく新規就農者から、「雑草と格闘中です！　ぬいてもぬいても生えてきます。雑草はどう退治すればよいのでしょう？」という質問をされる。

ここでも価値観の転換、発想の変換が求められている。

雑草は退治しようと思ってはいけない。

草は生えていて自然だと考えれば、抜く必要はなくなる。

つまり、「草が生えたら草刈」という常識を捨て、草を抜く場合は、抜かなければならない理由を明確にすべきなのだ。そうすると、ほとんどの場合で、草はあっても問題がないことに気がつく。

畑にするか果樹園にするかにもよるが、畑にする場合を別にして、私のオススメは草を生えさせて乗用草刈機（モアー）で頻繁に刈ること。

そうすると自然に植生が背の低いほふく性の草ばかりになる。

背の低い小さな草花が一面に咲き誇って色とりどり、とても綺麗だ。

私のぶどう園などは、お客さまに芝を植えたんですか？と聞かる。

家の前の果樹園でも数株のニラを植えたら、そのほふく性の草の中にあちこちにニラが自然に増えた。頻繁に刈るので、いつも新鮮で柔らかなニラが食べられる（うまい！）。

モアーで草管理をする関係で庭は全面平坦にした。樹を植える場合も株元を盛り上げることはせず、入口のアクセスのコンクリートとの境もモアーが走って問題ないようにすべて同じ面にしている。

そうです、肩の力を抜いて最小の労力で最大の効果を上げる工夫を楽しもう。私の果樹園は一ヘクタールの草管理に、三週間毎に四時間の乗用モアーによるドライブだけ。

非常識③　トラクターで麦踏み！

いまは知らず、昔、関東では麦踏みをした。

冬、霜柱で麦の根が持ち上がるのを防止するためである。畝に対して横向きに畝上に両足をそろえて立ち、靴の裏で丁寧に全面を踏みつけるのである。冬の風物詩であったが、やたら根気と時間を要した。

私はトラクターに一二〇キログラムの填圧ローラーを引かせて麦畑の上を走り回る。ちょっと乱暴かな？

でも、一〇アールが一〇分ですむ。これを毎回中耕の一〇日後に計三回おこなう。

非常識④　つくる土地を選ばず

いわゆる農業書に書かれている農法以外でも、意外にうまくいくことがある。たとえば、水田でつくる水稲（カバシコという香り米）を畑でつくってみる。カバシコは背が高くなり水田では風などで倒れやすい。これを畑で無肥料でつくってみると草丈が短くて倒れづらく、とても具合がいい。

また「土づくり」なんてのもムダである。「土づくり」に頭を悩ます新規就農者も多いが、別にしなくてもよい。前著でも書いたが、「土づくり」というのは有機農業かぶれのお題目に過ぎない。それだけが独立して要求される作業ではないのだ。

つくろうと思う作物にあわせて、必要最小限度の栄養を与えればよい。

非常識⑤　手間暇をかけてつくってみる

米は除草剤で草殺しをするのが常識である。

有機と銘打った米でも除草剤が一回は使われている（除草剤、農薬を一切使用せず、合鴨に草や害虫を食べてもらってつくる合鴨米などもある。しかし、合鴨米はまずいと先輩農家は言う。だいたい生鶏糞《なまけいふん》のような生窒素をいつまでも効かした作物が美味いはずがない！）。

あえて、私は草を夏季は手で取っている。中耕して手で草引き、中耕して手で草取りを三回繰り返しおこなう。

そのため夏の炎天下に夫婦で草取りのため畑の中をはいずり回る。

作業分析すると、耕運→施肥→耕運→整地→播種……刈り取り→ハザ掛け→脱穀、収納に約二〇時間／一〇アール要するのに対し、除草には約二〇〇時間かかる。我々は時給三〇〇〇円だからハーベスト袋三五キログラム五俵取れてだいたい一キログラム六〇〇〇円の米ができる。こんなものが売れるわけがないからもちろん全部自分で食べる。

非常識⑥　手塩にかけて育てた作物も気軽に捨てろ

いろいろな作物の生育がやたら早い年があった。

コンピューターで観光農園の開園日予測をおこなうと、なんと算出された開園日は例年より二週間も早まった。

これでは、カバシコの除草に当てる作業時間が確保できない。

手塩にかけて育ててきたカバシコであるが、くよくよ悩んでいても仕方ない。

趣味の作物作りが本業を圧迫するケースはよくある。

時間がないとわかれば、すぐに乗用草刈機でカバシコ畑を走りまわって、ばっさり刈取ってしまった。わずか一五分。

しかし、これで「ムリ」せず、本業に没頭でき、「ムラ」なく「ムダ」もない。

2

価格設定のコツを伝授します
"6倍の価格設定"が適正！

果樹農家は一年に一回しか収穫のチャンスがない。

この先どんな天候が待っているのか予測がつかないのに、一応「例年並《れいねんなみ》」というきわめて起こりそうもない環境に身を、家族の一年の生活を、ゆだねる。

もちろん同じ天候下で、最高品質の果実を収穫する農家もいるし、最低品質の果実しか生産できない人もいる。

それが農業の最も魅力的なところでもあるし、悩ましい面でもある。

しかし、最高品質の果実を収穫した農家がビジネス的に最も成功するわけでもないし、最低品質の果実を生産する農家が最低の収入を得るわけでもない。

顧客の満足度においてももちろん同様である。

一年間の生産販売活動を通して我々は何百という意思決定のセットを処理する。

結果はその意思決定群の成果の総和になる。

農業で成功するためのベストミックスは、

経営管理：マーケティング：物作り
＝
四〇%：四〇%：二〇%

である。

物作りが最高であろうが最低であろうがそれは結果に二〇%しか投影されないことを肝に銘じよ！

成功するか否かは、経営とマーケティングという八〇%結果を左右する意思決定群にかかっている。

そのような悩ましさの一端が、従来の価格戦略の崩壊という形で、露呈した年がある。

二〇〇三年を例に取り、価格戦略について述べておこう。

二〇〇二年は過去一三年間で、ぶどうの開花時期、四月後半の天候が最悪だった。一方、二〇〇三年は前年の過去最悪から一転して過去一四年間で同率二位の良い天候に変わった（ちなみに私は天気も数値化している。詳しくは前著『農で起業する！』を参照）。加えて、前年秋最後に残った三分の一のぶどう園を平棚に改良し、受精環境が大幅に改善されたことと、「超弱剪定」の技術が安定してきたことにより、二〇〇三年は最高の実止まりをさせることに成功した。

その最高の実止まりがわが園を成功に導いていた価格戦略の崩壊に至る引き金になったのだ。

「個性」を受け入れてくれない市場やスーパーを相手にしない

作物を栽培して育て収穫するということは、その種が持っている固有のＤＮＡ配列に期待して果実を得ようとする努力である。

が、それは無限の必然的偶然の支配下にある。太郎さんが団子っ鼻で花子さんが八頭身だったり、私の妻が短足のチビで、私がハゲのタコだというのに似て、それぞれが個性的に育つのが自然の摂理だ！

私は市場やスーパーに並ぶ農産物がみんな形や大きさや色が揃っていることにいつも恐怖を感じていた。

実際にはどんな作物も耐え難いバラツキを持って生産されるのが自然だ。そして我々はそのすべてを愛情を持って受け入れなければならない。

しかし、市場流通のシステムやスーパーマーケットの陳列棚を通過する物流は愛情に乏しく、そのすべては受け入れない。結局はそれが農家の収益性を圧迫し、農産物の価格となって消費者に跳ね返っている。

自然の摂理を無視するために多大なコストがかかる

本来の自然（いろんな顔）

莫大な労力と時間をかけて、
すべて同じ顔にする。
違う顔は捨てられる。

スーパーで並ぶ作物

柔軟な価格体系と品質メニューで、お客さまのニーズを最大限に吸収する

私は観光農園という直売方式だからお客さまとのコミュニケーションには心を砕いているし、スーパーなどと比べるともう少し愛情細やかな販売方式だから、お客さまにバラツキのある収穫物すべてを受け入れてもらっている。

「A品」「B品」「C品」と称して、階層的価格体系の「プロダクト・ミックス」をおこなっている。

お客さまがぶどう狩りにいらっしゃるときは、多様な要求を一度に満たそうと思うが、一般化したモデルでそれを表現すると次のようになる。

①まず試食を楽しみながら今年の味を確認し（「B品」を無料提供）、

②かごとハサミを持ってぶどう園に入り、散策と景色を楽しみながら少しだけ房形や色艶、玉の張りが立派な、袋に入った房を収穫（「A品」最高単価、通常ご近所の友人

「プロダクト・ミックス」で作物の個性をとことん活用!

ぶどうの品質分布と販売手法

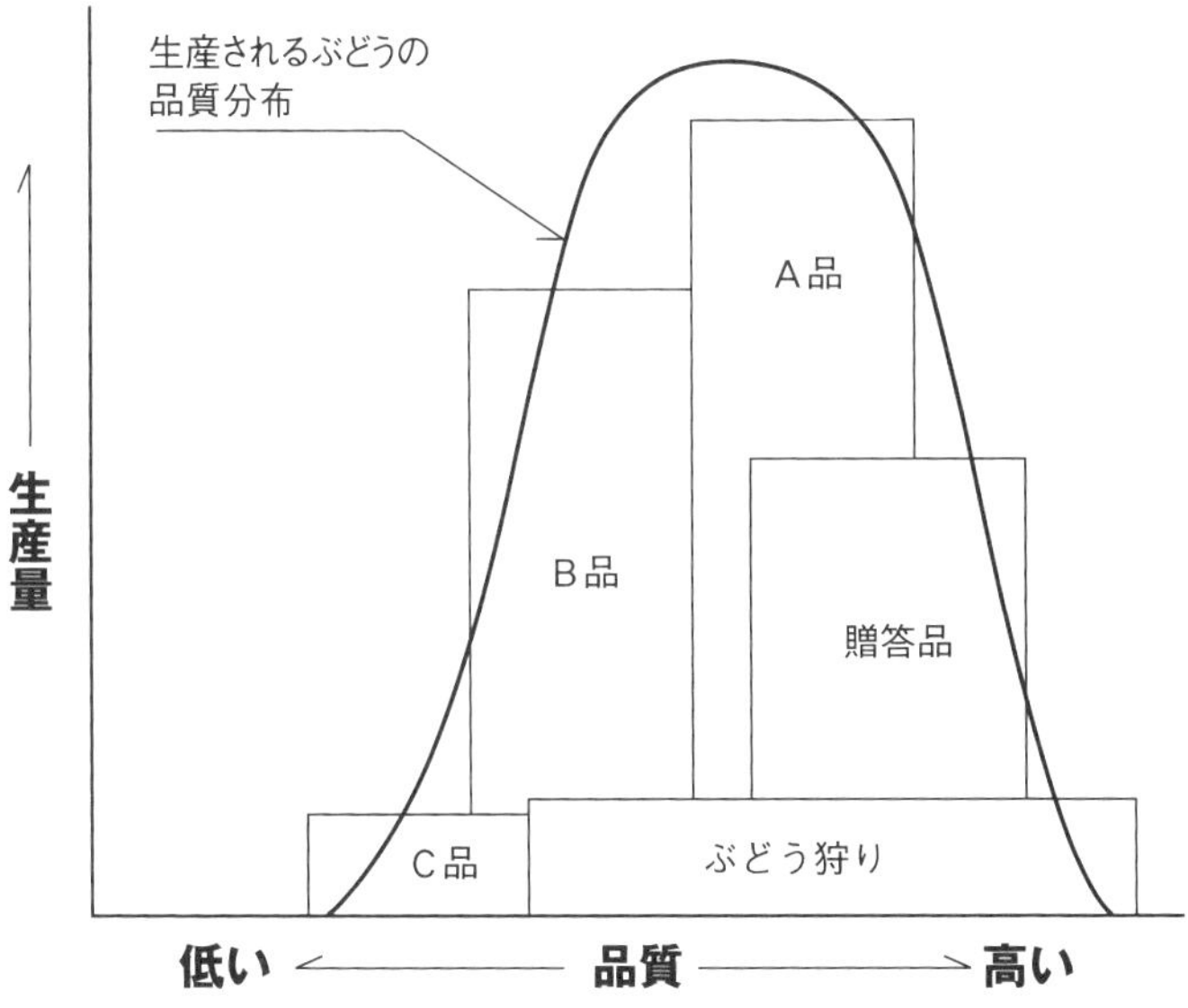

「プロダクト・ミックス」とは、アパレル業界などで使われるブランド戦略用語。
生産物が1種類でも、価格帯によって奥行きをもたせることができる。
対して、100円ショップは、価格はすべて同じで、
商品の種類（品揃え）によって幅をもたせている。

や親戚へのプレゼント）。

直売所に戻って収穫物を清算している間に、

③遠方の子供や親戚友人たちに送るための贈答用の発送を依頼し（「A品」）、

④自宅用には、多少形や色が悪くても味は同じという「アレ」を購入する（「B品」）。

多くの場合、年一回の出会いであるから、ここでの交流と会話が生産者である我々にとっても、グリーンツーリズム（農村で余暇を過ごすこと）の一環としておいでのお客さまにとっても楽しみの一つである。

お客さまの庭の果樹の手入れ法から、ぶどうの栽培方法、収穫物を丸ごと楽しむ方法に会話はおよぶ。

ぶどうでつくる楽しい台所ワインの仕込み方や種だけ取って煮込むジャムのつくり方、房ごと冷凍しておいてお風呂上がりに一粒だけもぎ取って手の平のぬくもりで表皮だけ溶かしてつるりとむいていただく玉ごとシャーベットの食べ方などお手製のレシピを差し上げて解説する。

その結果、お客さまは、

⑤閉園後の加工用ぶどうを予約注文して帰る（「C品」最低単価）。

加工用は、たとえば八キログラム購入するお客さまなら、五キロは自家製ワインに仕込むのもよい。ホームパーティーで主役になるし、少々すっぱくても澱《おり》引きが不十分でも、それが自家製ワインの真骨頂なのである。一キロはジャムをつくり、五〇〇グラムは冷凍して丸ごとシャーベット、最後の一・五キログラムは生食する。この生食用がまた美味しい。樹の上で最後まで熟したもので、糖度二〇度を越すものまである。

このように柔軟な価格体系と品質メニューの広がりによってお客さまのニーズを最大限に吸収し、さらに**新しい要求を刺激する**ことによって、お中元だけだったら四キログラムしか購入しないお客さまが二〇キログラム買って帰る。

別の表現を借りれば過去一〇年余の私のぶどう作りの下手さ加減が品質のバラツキを生み、価格の柔軟さをつくり出し、消費形態の多様化を促したともいえる。

その結果、つくったぶどうを丸ごと最後の一粒まで売ることができていた。

しかし、二〇〇三年は、ぶどう園の棚には大粒の玉がびっしり詰まって色の仕上がりも十分な五〇〇グラム級の「A品」の房ばかりが並んだ。

「葡萄園スギヤマ」を丸ごと楽しむつもりで来たお客さまが、狩りを楽しみ、発送を終わって、家用の「アレ」をくださいと「B品」を求めると「ありません」と答えなければならなくなった。

いままで普段着でちょっぴりお洒落も楽しむつもりで来たお客さまに、こちらは「よそ行き」の「A品」だけで対応したことになる。

結果はお客さまの足も遠のき、財布の紐も締まった。いままでお盆過ぎには売り切れていたぶどうが九月になっても完売の目途が立たない。どうしよう?

「A品」を「B品」と称して売ってしまおうか? でもそうしたら「A品」を買ったお客さまに申し訳ない。では「A品」価格を下げようか? でもそれではマーケティング戦略そのものの崩壊の引き金になる。では、A、B、Cの品質差を少なくしてグレード分けしたらどうなるだろうか? おそらく目の肥えたお客さまはほとんど差がなければ「A品」を買わなくなる。どうしよう?!

良い品物をつくろう。もっと高品質なぶどうをつくろうと努力してきたが、それが丸ごと楽しみに来たお客さまを落胆させ、わが家の経営をも圧迫するとは想定していなかった。

グッチのバッグを腕に提げて一〇〇円ショップに入りたいお客さまに対して、グッチしか持たない私に何ができるのか答えはまだない。

ニッポンの農産物は本当に高いのか？

日本の農産物価格は高い！　という議論をよく見かける。

そのたびに私は何か割り切れなさを感じていた。

少しその割り切れなさの原因を分析してみよう。

①外国の農産物に比較して高い？

「価格」というものは、金の生産に要する労働時間とその品物を生産するときの労働時間を比較して、単位時間当たりの生産物を同一価値とすることにより決定されている。

金までさかのぼらなくとも、国際価格というときには通貨の交換レートという物差しによって比較される。

私の知る限りでは、円の、たとえば対ドル交換がはじまったとき、五〇〇円くらいだったレートがいまは一二〇円程度だ。

このレートは、現在、日本側はエレクトロニクス産業と自動車産業の労働生産性が主な物差しとなって決まっていると思う。これらの産業はエネルギーを湯水のように使いながらたくさんのロボットを使って製品をつくり、一方、労働集約的な部品については労働者が食うや食わずのエンゲル係数が超高い「非文化的生活」?をしている発展途上国に外注に出し、国内で組み立てて輸出するという構図だ。

昔々、私はセイコー時計の工場を「夜」見せてもらったことがある。昼間材料をセットして従業員がみんな帰った後、無人の工場で何百台という機械がゴーゴーと音を立てて部品をつくっていた。私自身も無人で動く記憶素子の生産工場をつくったこともあった。

日本の農産物をもっと安くすべきだという人たちは私たちにたくさんロボットを開発して、エネルギーを湯水のように使ってもいいから無人で農産物を作れと言っているのか？それとも草を手で刈るような非生産的なことはやめて、除草剤を湯水のように使えと言っているのかしら？

それとも、日本の百姓に車やビデオや電話など持たずに食うや食わずの生活をしながら農産物生産に従事せよと言っているのかしら？

②外国の農産物は安い？

農産物輸出国の農場の状況を知るべし。

私は、アメリカの農場を見たことがある。

農場の敷地に入ってから車を走らせても走らせても行き着かない大きな農場。翼のやたら広いプロペラ機での播種や農薬散布。

要するに、圧倒的に低い人口密度と安くて広い土地。農民一人当たりの広い広い農地。その一人当たり広くて平らな農地に根ざした農法や道具の発達。

結果として、一人当たりの生産性の高さが日本とはまったく比較の対象にもならないほどだ。これは穀類の例だが、野菜、畜産と各々状況は違うが、いずれも土地の広さと空中湿度の低さが農民一人当たりの生産性の高さを容易にしていると思われる。

一方、日本は人口密度が極端に高いうえに、農耕可能地面積率が一二％程度でかつ居住地と陣取り合戦が厳しく、平坦で広い生産性の高い農地を安く確保できる可能性はまったくない。

さらに、高い年間降水量（一方では大きなメリットで、水不足の将来を生き残るのに重要）と高い空中湿度が農薬使用量を押し上げてもなお低い歩止まりになってしまう。

③日本では不必要にコストを押し上げていないか？

答えは「イエス！」

たとえば、韓国の白菜の出荷をテレビで見たら、畑の中に止めたトラックに、白菜をそのまま投げ上げていた。私は外葉を丁寧に剥して値段の高い段ボール箱に六個ずつ積めて出荷している。

韓国の無蓋トラック一台は日本の有蓋トラック五台分ぐらい運ぶだろう。

そのうえ日本はたくさんのダンボール箱と、出荷調整人件費を使う。

調理するときは漬物も鍋物もグチャグチャにするのに！

たとえば、みかん。農協の選果場に行くとみかんを大きさと外観で選別して、それにベトベトにワックスを塗って箱詰めしている。

あのベトベトのワックスをなめながら食べるのか？

たとえば、リンゴ。ニューヨークのホテルに泊まったとき、フロントにリンゴを盛ったかごがあった。

ちょうど手の平に収まるぐらいの大きさの真っ赤なリンゴでかぶりついたらすごーく美味しかった。

日本の北のほうを旅したとき、山全体が銀色に輝いていた。

リンゴ園の下に敷き詰めたシルバーシートだ。このシートでできるリンゴは、やたら大きくて堅い皮で、とてもかぶりつく気にはならなかった。どうしてこうなっちゃうの？

ほかにもこんな例は枚挙に暇がない。

農の現場でも「なぜ！？　やめようよ」ということがたくさんある。

④「プール計算」という平等

プール計算とは、多数の生産者の売り上げを合計して（プールして）、再配分する方式。たとえば、花の運賃。

ＪＡ経由で出荷するとき、空港のすぐそばの花農家も空港から車で三時間の農家も運賃が同じだったりする。

農協に自分の圃場を耕運してもらう場合、ＪＡの隣の畑でも、トラクターを三〇分走らせてたどり着く畑でも一〇アール当たり四〇〇〇円。

ＪＡでは、肥料を一袋買っても、五〇袋買っても単価は同じ。

また、私のところの人参の出荷は、泥付きのコンテナーで規格も緩やかで、出荷量は車ごとの計量だ。

ＪＡが最終的には洗って大きさ別に分け、パックして出荷する場合、単価が大きさにより異なっても、生産者に対してはその月の全販売額から出荷調整コストを引いて総集荷量で割った額が支払われる。

当然二五〇グラムぐらいの人参を出す人と一〇〇グラムぐらいの小さい人参ばかり出す人も超Ａ品を出す人も、これＢ品じゃない？　というような人もいる。でも、全部平均して＠八三・二三円／キログラムというような計算をして支払われる。

共産主義の平等、資本主義の平等。都市の平等と、農村の平等。

あなたの平等と私の平等……それぞれよって立つところが違えば、見方によっては不公平に見えることでも角度を変えれば平等だ。

国民年金だって、若いときと老後のリビングコストのプール計算だ。

日本の輸出競争力が永遠にその力を維持できるという甘い発想は誰にもない。

都市の生活コストと農村のそれ、そして労働による付加価値を日本という入れ物の中でプール計算することにすれば……それは多少損をした、得をしたという狭い心のユラギがあったとしても……。

広い広い心のもとで容認し合いませんか?
＊本パートには一部エゴ丸出しの発言があったことをお詫びします。

私の価格設定哲学
価格は高いほどお洒落だ!

以前、計画していたぶどうに含まれるレスベラトロールという成分を活かしたジャムを例に私の価格設定の方針を記そう。

現代は飽食の時代だから安いものをたくさん食べるという選択はない。

徹底してこだわってつくったものを少しお洒落にいただく時代である。

スーパーのジャム売り場には安易につくられた添加物こってりの製品が並んでいる。

二〇〇グラムのビンなら一五〇円から二〇〇円、高くても一瓶四〇〇円だ。
じゃあ、私のレスベラトロールぶどうジャムは八〇〇円だな！
えらく雑な決め方であるが、物事は決めてから理由を後からつける。
原価構成をして、ぶどうの単価を一キログラム当たり一〇〇〇円とした。
最終摘房で、捨てる予定だったぶどうを市場価格の倍というのは過大評価だろう。
しかもこれはコンテナー収穫した段階での価格だ。
しかし、この私の判断には固有の評価ガイドラインがあるのだ。
すなわち百姓の労働は過大評価し、ほかの産業は過小評価するというものである。

百姓仕事を過大評価し、ほかの産業を過小評価してビジネスしろ！

現代日本の状況は食料生産を過小評価し続けた結果として、農業の衰退を招いた。

「マズローの法則」というのがある。

五段階要求水準説などともいわれるが、人は「命の保全」から「社会的地位の拡大」まで階層的要求を満たすために努力し、より優先度の高い要求（生理的欲求）が満たされるたびに、より上位の要求（自己実現欲求など）に移行するというものである。

日本人は**「安全と水はタダ」という虚構**の中で長く生活するうちに、別の言い方をすれば食糧危機は来ないという根拠レスな（根拠のない）観念で食を過小評価し続けた。

その結果、国産の食料を軽視し、過小評価し、「マズローの法則」本来の優先度を無視し続けた結果、農業が崩壊した。

これを本来の姿に戻すには過大評価を少なくとも二〇年間継続する必要がある。

加工費は一キログラム当たり一〇〇円の工場要求だったが、当方から六倍の指値をした。これも過大評価の、いや正しくは適正評価の一例である。

百姓の「タダ同然」はタダではない

以前、工業試験場で梨のジャム作りを研究している農業高校の先生と知り合った。彼とはお互いに持っている情報を交換してジャムの商品開発に役に立った。

この先生が私のぶどう園を訪ねて来たとき、「梨農家から規格外の品物をタダ同然で仕入れて生徒とジャムをつくり、学園祭で販売して利益をあげた」という話を得意そうにされた。

私はちょっと心外な気分になり、「タダ同然のものを思いっきり高く買って有効活用したと言うのならいざ知らず、百姓が丹精込めたものを買い叩くとは何事ですか？　自分の立場をどう考えているんですか？」と言ってしまった。

妻からはつねづね「あなたの口のきき方では友だちはみんな離れて行くわよ！」と言われている。

確かにこの先生も二度と来なかった。反省……。

自分の労働を安売りするくらいなら……

さて、徹底してこだわり開発したぶどうジャムは、タダ同然の摘果ぶどうを秀品の市場価格の倍ぐらいに過大評価した価格で売らなければならない。

天然酵母パン屋さんが店に置いてくれた。友人の雑貨屋さんも店で販売してくれた。大手種苗会社の通販にも載せた。もちろん自分の観光農園でも売った。が、一年かけてこの五つの販売チャンネルでは六ロット一八〇〇本売るのがやっとだった。

お客さまはこのチャーミングなジャムパッケージに印刷してあるレスベラトロールの構造式を見ても感動しないらしい！　私は感動するがなー⁉　認識の相違らしい。

翌年も再び一八〇〇本つくった。そろそろ試作から量産に移行したい。が、この年ジャムは大量に売れ残り、一年生産を休んだ。

そして試作から量産に移行する起死回生の販売手法を近くのワイナリーに提案した。ワイナリー側は良い提案で受け入れ可能と回答して来た。味も価格も受け入れる。条件は最低一万本ロットの納入と再販マージン四〇％の確保だけであった。迷った！　どうしよう？　一万本ロットの生産は簡単だ。わが家だけで八トンはぶどうが生る。一〇トン着果させておいて二トン最終摘房すれば一万本生産できる。

問題は四〇％再販マージンだ。

ぶどうの過大評価をほんの少し控えめにすれば簡単に捻出できる。しかしそれはわが農業経営ガイドラインの妥協になる！　できない……、やめよう！　これを受け入れると私はぶどう農家ではなく、ジャム屋になってしまう。と、結局我を通してジャム生産プロジェクトは中止した。

わが家の倉庫には箱やラベル、ビンなどの不良在庫が山のようにある。なーにこれも百姓の勲章だい！　いつかこのノウハウは活きることもあるだろう。農家が駄目ならいつでも加工屋になれるだけの技術資産を蓄積できたんだ。と、見栄を張らせてくれ！

3 つくって、直接売る。 サービス業のマインドは絶対必要

観光農園は楽しい！

お客さまの立場ではなく、ビジネスとして「楽しい！」である。

今風には観光農園と言わず「グリーンツーリズム」と言うのかな？

工夫の余地が無限にあり、そのどんな工夫もお客さまが喜べばそれは**リピートビジネス**になって返ってくる。

問題は単純である。

方向付けも、答えも、対策とその波及効果も明快で、計量しやすい。ゲーム感覚で楽しめる。

観光農園をはじめた当初四～五年間は毎年何らかのデータを収集していた。
・どのような媒体で私の観光農園の存在を知ったか？
・なぜほかの観光農園に行かずに私のところを選択したか？
・一人当たり何キログラム狩るか？
・一人当たりいくら支払うか？
・一シーズン何回来るか？
などである。
それを次年度以降のマーケティング戦略に組み込んでゆく。

どう付加価値を付け、リピーターを獲得すればいいか？

来てくださるお客さまはスーパーやデパートに行くのとは違って、お百姓さんを直接訪ねるのだから、何かプラスα《アルファー》の付加価値を心のどこかで期待している。

それは意識下の期待だから、口に出しては言ってくれない。その期待に応えることができたか？　がポイントだ。

はじめてぶどう狩りの予行演習をしたときには、お客さまの要求を調べるために、入場無料にして狩ったぶどうの重さのぶんだけお支払いいただくというシステムと、入場料をいただいて食い放題にする方式の選択式にした。

しかし、食い放題にする人はほとんどいなかったので、選択方式はやめた。

しかし、いまでもまれに食い放題をやりたいとお客さまから要求されることがある。

そのようなときには、お客さまのいたずら心を満足させる方向で、その要求を受け入れる。

どうせお客さまもはじめからそれが経済性を無視した要求だと承知している。

「特別に応えてもらえた」という一事が付加価値なのである。

お客さまの特別なリクエストは大切にすべきだ。

せっかくお客さまが「鴨ネギ」で付加価値を持って来てくださったのにそれをふいにす

るのはもったいない。

グリーンツーリズムは「おもてなし」

お客さま全員がそんなプラスαを自分で持って来てはくれない。よって、何を用意するか腐心する。

以下、そんなアイデアの一端を書いておこう。

最近は花作りの友人の好意に甘えてお花の鉢プレゼントとか、これも野菜作りの友人の好意で虫の食ったトウモロコシプレゼントなどが多くなったが、当初はいろいろ考えた。

「餅《もち》とうきび」をつくったこともある。

小さいトウモロコシで、堅く熟したものを実の一つ一つが破裂するまで炊いて食べる。餅モチして美味しく昔の味である。これをぶどう狩りに来たお客さまに自分でとってもらう。完全なものをとってくれれば一本五〇円、虫が食っていそうならタダ。

これは結構評判で、やめた後何年も問い合わせがあった。観光農園の脇役として活躍した。

人が集まるのを見て、まわりのお百姓さんたちが、きゅうりやナスや野菜、ランの鉢や、ときにはカブトムシやクワガタなども捕って来て置いた。

そのぶんはセルフサービス販売だったり、経費無料の委託販売だったりする。夕方売れ残りをもらったりしてわが家の食卓も賑した。

ご婦人のお客さまに好評だったのは花である。

ぶどう園後ろの畑二反歩全部マリーゴールド、好きなだけ持ち帰ってください。

次の年はマリーゴールドとクレオメピンククイーンと何たらかんたらの三種混合の花、無料です！

五〇〇円ぶどう狩りをして、花をふた抱えも、ジャングルのように荒れた畑に分け入ってとり、持って帰る。

プラスαのサービスがプラスβの収入に

「餅とうきび」も花も栽培コストがかかるわりには回収コストは直接的にはゼロである。

何か手間もコストもかからなくて、お客さまにもプラスαの楽しみで、わが家もプラスβの収入になるものが欲しいと考えていた。

あるとき女性団体が来園されたとき、家横の自家用に植えてあるイチジクをとらしてほしいと言われた。

「どうぞどうぞ」と案内したら半数ぐらいの方が食べるのははじめてで、とても美味しいと感動された。ときを同じくしてわが家のプラスαとプラスβだと気がついた。

ほっといてもある程度生るし、袋掛けや防除も不要だ。ぶどうと時期が重なるし、資本の回収もできる。

値切ってくるお客さまとは「ゲーム」を楽しむ

なかには価格を値切ってくるお客さまもいる。

お百姓さんは、とりわけ宮崎のお百姓さんは、いや田舎ではほとんどすべての業界で、その類の値切りに対して反発する。そうしたサービスが不得意なのである。

しかし、経済的にも精神的にも余裕のない人は決して値切ってこない。

京都五条の陶器市や大阪黒門市場辺りの値引き交渉と一緒で、お客さまは実質的な値引きを要求していない！　そこでは、そばで聞いていても気持ちの良いやり取りが見られる。軽快で心地良い着地点を見つける頭脳ゲームなのである。

これは双方が楽しまなければ結果は悲惨なものになる。

交渉はとことん、「ウイン・ウイン」で！

さて、ここで自分がお客さまだった場合の値引き交渉術についても書いておこう。どうメーカーの価格を下げさせるか？　これは田舎のお百姓さんがもっとも不得意とするジャンルだ。

コツは、相手にも得をさせてあげること。それにつきる。

チッパーと呼ばれる機械を購入したことがある。大は製紙会社が木材を細切れにする物から間伐材をコンパウンドにする機械、農業現場用としては二〇〇万〜三〇〇〇万円規模の物から乳母車サイズの五〇万円以下のものまである。

K社の展示会に行ったら、私でも手が届きそうなモデルを見つけた。すぐメーカーを呼んで打ち合わせる。大雑把に耐用年数七年で三〇万円と決めて交渉スタート。

まず、実働の性能を調べたいから「デモ機」を持ってくるように要求した。
メーカー：デモ機はありません。
杉山：ないなら、新品を「デモ機」にしなさい。
メーカー：一度使ったら中古になってしまうので困ります。
杉山：あなたね～、いまどきそんなことを言っていたら、ものは売れないよー！仕方がない。宮崎県内で誰か買った人から一日借りてきてください。テストしてすぐ返すから。
メーカー：宮崎県内にはありません。
杉山：仕方がない、熊本でも鹿児島でも九州内で借りてきてください。
メーカー：九州内にありません。
杉山：あなたね～、そんなものを私に売りつけるんですか？　仕方がない、じゃあ、あなたが上司を説得できるだけの提案をしましょう。
と次の七項目の条件を出したのだ。
①まず、私を信用してもらうため、その設備購入の予算を組む。

②新品を「デモ機」として納品してもらう。
③デモの結果、性能に満足すれば、その機械を購入する。
④性能に満足できなければ、今後の参考になるよう報告書をつけて機械を返品する。
⑤購入した場合、ほかの農家が検討するときには貸し出す。
⑥購入確率が九五％以上になるように運用規準も弾力的に作成する。
⑦**当方のリスクを増やしたから、**価格は総額で三〇万円を下回ること！

ここまでお互いに相手の立場にすり寄って、「ウイン・ウイン」のネゴシエーションは成立する。自分だけ勝って（ウイン）はいけないのである。

実際は、ただボーっと一カ月放っておいただけだが、①の予算措置ができましたとメーカーに連絡したら、相手は「売れた！」と信じ込んで即日機械を持ち込んできた。この呼吸も重要。

結局、総額で三〇万円で機械をゲットした。

4

すべてのビジネスは情報産業
顧客管理のコツは引き算！

新規就農希望者にまず最初に聞く質問は、「パートナーが賛成してくれますか？」というもの。これについては前著『農で起業する！』で詳しく書いた。

そして、二つ目に聞く質問は「パソコンは使えますか？」ということだ。パソコンが使えない人に就農はやめなさいと助言している。

パソコンは必須アイテム！

なぜなら、農業とは、情報のカタマリを効果的に管理・運用することだからだ。

このことについては、巻末付録の「果樹園経営ConsoliPack」でも書いたので参照してほしい。

情報は飯のタネ、最大の財産と心得よ

たとえば、観光農園では、「顧客名簿」が最大の財産になる。

これだけを大事に維持していれば、経営が傾くことはない。

顧客名簿をつくるため、最初の五年間は一生懸命努力してきた。

それをきちんと管理しておけば、あとは、普通に作物を栽培するだけで、「顧客名簿」だけで売れる。

情報管理が、農業ではなおざりにされてきた。日本の産業界全体でもそうだ。

前にいた外資系企業では「知的資産管理部門」が一番、利益を生んでいた。

情報を売って商売する。いかにして、情報をお金にするか?を外資系企業ではテッテイテキに考えさせられてきた。

それが骨まで染みついているので、私は家を建てるときも、情報伝達重視のC&C（コンピューターと通信）で生産性をあげることをその目玉としたのだ。

情報処理法のコツは増やすことにあらず

では、顧客名簿の管理術について書いていこう。

それほどむずかしいことではない。

まず、お客さまの情報を集める。

来てくださった方に声をかけるのだ。

「来年の開園案内などの情報提供をしたいので、名前と住所を書いていただけますか」

と恥ずかしいけれども、声をかけて書いてもらう。

一年で三〇〇人ずつ集めれば、三年でほぼ一〇〇〇人。

そして、次にたくさん集めた情報を圧縮する。

農業は情報産業だ!

わが家のコンピューター ルーム兼、企画室。
この椅子に座って窓からすべての圃場が
見渡せるようにするだけのために、
部屋を母屋に対して西に30度傾けた

憧れのリモコンゲートを装備!
手洗い、シャワールーム、農薬庫、
道具置き場なども兼ねる。
当然、農業経費で建てることができる。

密度の薄い情報をたくさん持っていてもダメ。

いかに圧縮するか。

個々のお客さまの情報に、いつ来たか、どこにどのくらい発送したか、何回来たかの情報を付け加えていくことも大事だが、足してばかりではダメだ。

一番大事なのは、その名簿を削除する、引く仕組みをつくっておくこと。

常に足す引く足す引くができるシステムが大事だ。

削除するシステムがあると、名簿のお客さまの集団が動く。

もっと高いものを買うお客さま、もっとたくさん買ってくれるお客さまというふうに動かす。動かすには、足す仕組みと引く仕組みが必要なのだ。

それをやっていると、自然に自動的にわが園で買うし、たくさん買うし、必ず来るというお客さまが集まってくる。

お客さまをいかに消すか？

スギヤマ式経営戦略を思い出してほしい。私は「小さな経営」を目指している。

まず、お客さまにハガキを出すなら、ハガキにかける**金額の上限を決める**のだ。それ以上になったら消すのである。

だから、顧客リストにお客さまを足すときには、引いてから足される。

では、どんなお客さまをリストから引いていくのか？

たとえば、しばらく来てないとか、来た回数が少ないとかである。

コンピューターは並び替えが得意だ。

来た回数、金額、何でもいい。

そうやって上限を決めて、毎年引いて足してをやっていくと、自分の希望する方向にお客さまの集団が動いていく。

5

専門的で奥が深い！　だから高収益！
〝スギヤマ式〟ぶどうのつくり方

私は、収入の八〇％近くをぶどう栽培に依存している「ぶどう専業農家」だ。

したがって、失敗のほとんどはぶどう関連だし、楽しみも悲しみも、喜びも怒りもぶどうとともにある。

ぶどう作りは、専門性が高く奥行きも深いので、平易な文章で表現することはむずかしい。しかし、一度難解を恐れずにチャレンジしてみよう。

スギヤマ式「品種選び」のコツ

まず品種である。

ぶどう農家はおそらくみんな、いまつくっている品種で良いのか？　ほかにももっと面白い、つくりやすい、お客さまにも喜ばれて、お金も稼げる良い品種がないか？　と思い、試行錯誤している。

そしてそれら試行錯誤のほとんどは失敗に終わり、ほんの一部の人だけが自己満足的評価の結果、成功している。

試行錯誤と失敗で、日本全体で失われた、また失われつつあるエネルギーは計り知れず、農業分野での得べかりし利益を激減させている。

ぶどうは永年果樹の中でも品種の切り替えはさほどむずかしくない作物である。

苗を植えてから三年で実を収穫でき、かつ品種の切り替えは古い品種を収穫しながらでも可能である。にもかかわらず、日本中で古い、お金を稼げない品種を植えたままの放棄園がたくさんあると聞く。

就農したいのに土地も施設も機会もないと嘆いているサラリーパースンや若者がたくさんいるというのになぜか？

ぶどうは世界で最大の生産量を誇る果物の一つである。

それだけの需要もあり、利用形態も、干しぶどう、ワイン、ジュース、ワインビネガー、シードオイル、生食用など多様だ。

むしろ、日本の生食用一辺倒は新しい可能性を残しているという意味でもある。

ぶどうほど、たくさんの情報がある作物もない

人類の栽培の歴史も六〇〇〇年におよび、品種も日本だけで二〇〇〇あまりあるといわ

観光葡萄園は、
お客さまの身長に合わせてつくる。
自分たちの身長を補うために、
手作りの下駄で疲労の軽減と
作業性を改善すべし。

ぶどうの袋掛け作業。
袋を1枚掛ける標準時間は5ミリアワー（18秒）。
従って1人1時間に200枚掛けられる計算。
ただし、必ず余裕率を25%見込むのがポイント。
夫婦2人で1日実働10時間なら、
4000枚ではなく3200枚と予算を組むのがコツ。

れている。それだけ情報量も多く文献がしっかりしている。

すべての希望するお百姓さんに合った品種があるはずである。

なぜ自分の土地と技術とマーケットに最適な品種が選び出せず苦労するのか？

理由は簡単である。

品種ごとの特性を比較分類したデータベース、お百姓さんが栽培するときの目安になるデータを一覧できるようにした記録がないのである。苗屋さんのカタログはある。そのカタログに一部申し訳程度のデータはある。

しかし、商品カタログだから、どの品種も魅力的に書いてあるし、品種説明は色や玉の大きさ、糖度などなどミーハー向けのプロパガンダが多い。

栽培農家が指標にできるような品種比較データベースは、科学的で定量的、自分の圃場に読み替え可能なものでなければならない。

そんなデータベースをつくるメリットは苗屋さんにも各県の農業試験場にもない。

おそらく国レベルのトップダウンプロジェクトとして委託研究でつくるべきものだろう。そうすれば膨大な得べかりし利益を国全体で手中にできる。

試みに、現場の百姓が選択するときにどのような情報で品種を表現してほしいか考えてみた。

農からお宝を引き出すヒント満載だ。

①倍数体情報

「倍数体」とは、簡単にいうと「染色体のセット数」のことで、植物の生理的特質を表している。

「デラウエア」や「甲州種」のような二倍体（経験的直感にもとづく。文献は持っていない、以下同じ）、巨峰系のような四倍体、それに「〜シードレス」のような種なしの三倍体がある。

生産者から見るとこの「倍数体情報」がまず栽培管理の方法を規定するので、最優先情報だと思う。

しかし、なぜかメーカーのカタログにもそのほか農業書にもこの情報を記述する習慣がこの業界にはない。

ちなみに、日本のほとんどの種なしは味よりも見てくれ、本質よりも見栄がつくり出したホルモン剤多用農業の歪んだ姿である。そんなものを好む大人は、刺身の切り身や貝のむき身が海を泳いでいると子供が誤解しても笑えない。

②収穫時期

たとえば日本で三カ所、青森とつくばと福岡の標準気候モデルを定義し、それに各々三つの人工気候モデル「露地もの」「無加温ハウス」と「早期加温ハウス」の九条件の換算表をつくってそのほかの地域は個々に内・外挿して求める。

もちろん、ホルモン剤など植物調整剤を使わずに露地でぶどうを栽培したときの収穫時期を単位収量（房の重さ）当たりの葉面積と根に与える水分ストレス（水をどの程度与えるか）を規定したうえで、品種間の差を一覧できるようにしたい。

ほかにも一二項目ほどの特性データは網羅したい（たとえば……耐病特性、皮の強さ、果肉の固さ、種の数と大きさ、脱粒性、フィロキセラ耐性、味、糖度、着色度、色、粒重、房重、などなど……各品種特性を日本の気候のもとで定義する）。

このような、現場が必要としているデータを国の機関で取ってくれないかなー？

就農したとき、入手したぶどう園には三八一本の樹が植えられていた。マスカット・オブ・トーキョー二本とブラックオリンピア三七九本である。

ブラックオリンピアというのは巨峰の改良品種で、外見は似ているが糖度、味ともに優れている。しかし、巨峰の名で市場出荷する生産者も多い。そのほうが高く落札してくれるからである。本物より、ブランド指向の消費者に合わせているということか？

そのブラックオリンピアの中に植物生理が明らかに異なる樹が二七本あった。

先輩農家の友人いわく、苗を注文数そろえられなかったとき、別の品種の苗を適当に混ぜて数合わせするのが一部の業者の常識だとか？

本当の話かどうかわからないが、業者にクレームもつけない、ペナルティーも要求しない農協がつくり出した悪習かもしれない。

第二ぶどう園をつくったとき、新品種の苗を積極的に導入した。天秀《てんしゅう》、赤峰《せきれい》、伊豆錦《いずにしき》である。

いままでのところ、新品種導入試験の結果は○勝三敗一引き分け三継続中という成績だ。

私の栽培試験データを誰か買ってくれないかなー？

日本中でみんなが重複しておこなっている栽培試験データを捨てまくっているのは知的資産の浪費だと思いませんか？

勉強は退屈だから、いつも勉強し続けられる仕組みを持っておく

ぶどう作りをはじめてすぐ、「九州ぶどう愛好会」という生産者の栽培技術研究会に参加した。

私はこの会とそのメンバーが大好きだ。

大方の農業研修というと飲み会だったり物見遊山ばかりの研修だが、この研究会はみんな

なぶどう作り大好き人間が身銭を切って集まって来ているから迫力が違う。

昼間どこかのぶどう園で現地研修をおこない、次に宿に集まって討論会、夕食後は誰かの部屋に集合して午前一時二時までぶどう作りを熱く語り合い、翌朝また別のぶどう園で研修をする。

みんな目をキラキラ輝かせながらメモを取り質問し反論する。ぶどう作りに生活がかかっている人ばかりだ。家に帰って普段農作業しているときでも何かわからないことがあれば九州全県にいるスペシャリストのネットワークと連絡を取って情報交換しながら問題を解決してゆく。心地良い。会の運営にどこからも補助金をもらっていないのも良い。

その会にはじめて参加したのは、就農一年目の晩秋でそろそろぶどうの剪定をはじめようかという時期だったと思う。

鈴木英夫先生の話を聞いた。『現代農業』にも「超弱剪定によるぶどう作り」を連載された方である。『四倍体ぶどうをつくりこなす』という本も書いている。

その後、この先生の話を六回ぐらい、雑誌のバックナンバーを取り寄せ、前掲の本を買って読みながら聞いて三年目にしてやっと話の全容を把握した。

素晴らしい論理、素晴らしいコンセプトだと思った。植物成長調整ホルモン剤を使わずに四倍体ぶどうを栽培するには不可欠の技術で、どうしても習得しなければならないノウハウだと思った。

いや、この技術で核になっている要素理論のいくつかはそのほかの果樹、そのほかの作物に普遍的に利用可能なものだと思った。

植物の生理に興味を持てば、楽しさ一〇〇倍！

さっそくわがぶどう園にその技術を適用した。

核になっている要素理論や技術の詳細はここでは論じない。

従来の冬季におこなう剪定は発芽時の貯蔵養分の過不足に重要な影響があるのに、その結果を見ないでフライングで切ってしまう。

この技術はそれをしないで、発芽時の芽の色、形、葉の色、巻きづるの形と数、花穂の形と大きさ、などの色と形で養分の過不足を各段階で判断して「フィードバック制御」する栽培技法といえる。当然植物の根、葉、巻きづる、茎、頂芽、花穂、着色の発現などに対する高度の観察眼と対処能力が求められる。

植物の能力を自然のままに最高度に引き出して最高の果物をつくる！　ホルモン剤で成長を止めてみたり、花弁を離脱させたり、玉を太らせたりなど化学薬品には頼らない。

この技術に惚れ込んで自分のぶどう園に適用すること二年、三年、なかなかうまくいかなかった。

が、あるときついに納得のぶどうができた。

赤ちゃんの手の平のような小さな葉五、六枚つけた割り箸のように細くて短い枝に六〇〇グラムぐらいの大きさの房をつけて肥大も着色も良好なぶどうができた！

他県の友人も見に来て、みんなに見せたいからとまだ着色途上の房をとって帰った。以来、この技術を桃にもスモモにも適用した。

作物作りは**ドキドキワクワクの連続**で飽きることがない！

技術習得の奥義は恋♥

農業にはさまざまな栽培技術が必要とされる。
その習得に困難を感じる読者もいるだろう。
ここに技術習得の奥義を伝授しよう。門外不出、究極の奥義だ。

それは**自分の作物に恋すること！**

恋すれば彼女の一挙手一投足が気になるからよく観察するし、彼女のために何をしてあげられるか考えるし（プラン《PLAN》）、それを実際してあげられるし（実行《DO》）、その与えた行為の結果をよく観察してほかの要因を排除してその影響を把握し（チェック《CHECK》）、次の行動につないでいく（アクション《ACTION》）。
経営におけるＰＤＣＡサイクルとまったく同じことが実現される。
これにまさるコツはない。

高収益農産物は差別化技術が求められる

差別化は栽培だけではないが、ここではとりあえず栽培についての目安を紹介しよう。

栽培管理をＪＡの技術者に依存すればそのＪＡの得意分野にもよるが、一〇〇点満点中四〇点は取れる。普及所に依存すれば五〇点、関連図書をすべて読破すれば六〇点、県の農業試験場の技術者に依存すれば七〇点、上記のように作物に恋してＰＤＣＡサイクルを回せばいずれ八〇点まではいく。そして、その情報を広域の最先端栽培農家と共有して理解とチェックを深めれば一〇〇点が取れる！

将来性のある最先端ビジネスとしての農業

農業はバイオ情報微生物技術の集約産業になりつつある。

私の友人は農場の中にメリクロンとよばれる植物の頂点培養のラボを持って品種改良や育種をしている。

農業も多様化してそのような最先端の技術がすでに現場で適用可能だ。

お父さんが息子に「お前は頭が悪いから学校はあきらめて家の農業を継げ」と言ったのは昔話だが、これからは、最も将来性があって、最も進取の気性が要求される職業になるかもしれない。

同じように土の中での肥料成分の収支、化学反応、微生物による分解、固相から液相、気相への相変換など、物質収支を理解するには物理、化学、生物、などなどの統合技術を理解し、使いこなす努力が要求される。最も勉強しがいがあり、現在の農業技術者への過小評価を見直さざるを得ない過渡期にある。

そして、昔から農業は情報処理産業だった。ただ情報処理という概念がなかっただけである。現在ではＩＴやＰＣなど情報を取り巻くインフラが整備されてきたので、データベース管理からナレッジベース管理へと情報の階層をより上位へ向かって上り、それを農業戦略、戦術実現に活用することが差別化につながる。

上記のほかにもハウスの建設改良、電子機器による自動制御や計測管理、さらには情報の統計処理などなど、農業はまさに総合技術集約産業になった。

「それぞれの技術を深くはわからないがジェネラリスト」というのでは駄目で、「それぞれの技術も造詣も深いがジェネラリスト」というタイプの人がより成功しやすい分野で、やりがいのある産業でもあるのだ。

経験を積まなくても「農業」はできる！

そのためには「勘」や「感じ」に頼ってはいけない。
圃場というフィールドをテッテイ的に情報化すべし。

テキトーに選んだ房に標識を付け、圃場情報を採集する。

地中の温度や土中の水分は必須情報。
いつでも、365日、各圃場のそれらデータを
頭に入れておくことが大切。

葉の色も測定する。

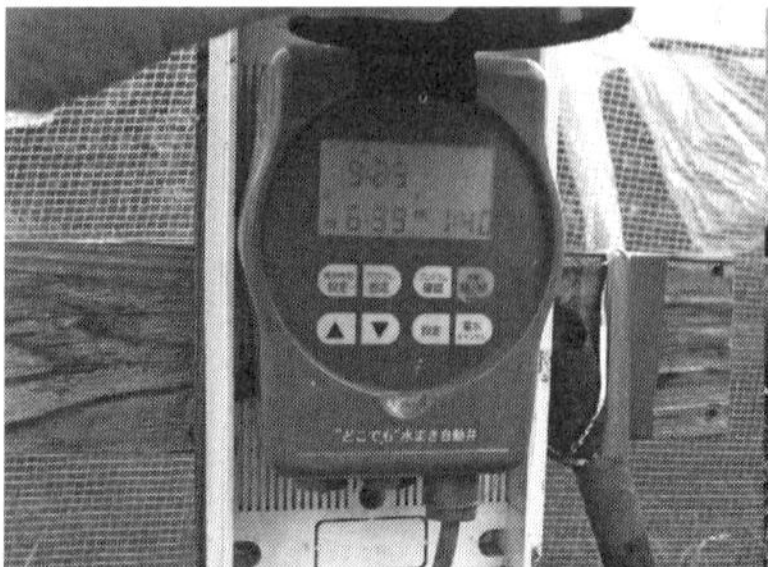

散水制御のプログラマー。
24時間いつでも散水&停止できる。
最もコストの安い仕組み。

圃場の散水センター。
肥料を投入しながら散水する。
肥料の投入効果を最短時間で得られる。

ハウス開閉の自動装置。自動で温度管理できる。

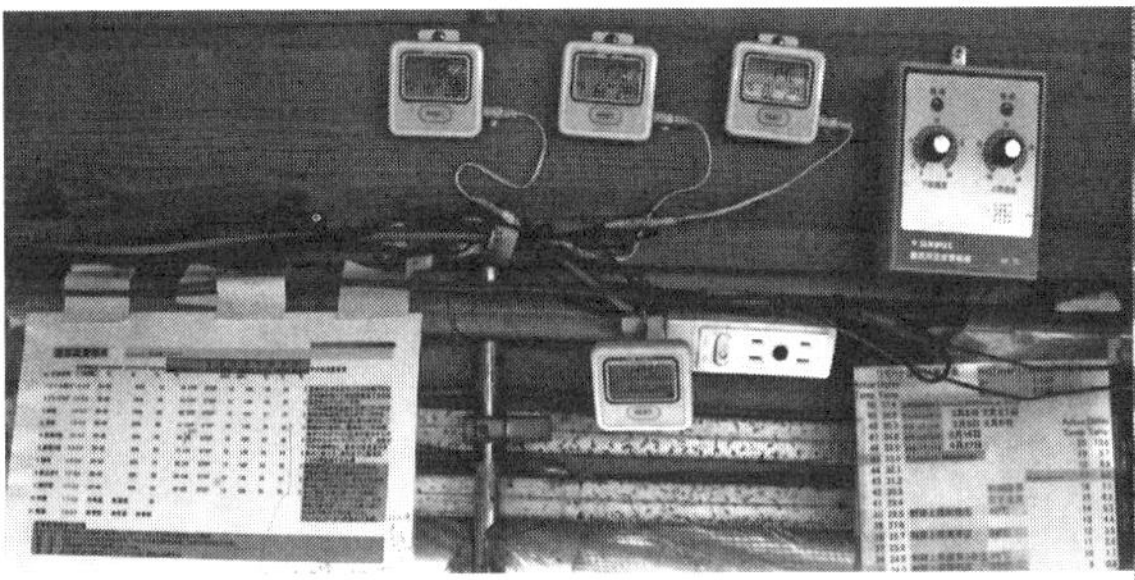

↑ 大きなハウスでは、場所による温度差が大きい。
よって、場所による温度の変化などを監視し、温度警報も出す。

温度警報を受けて内線で知らせてくれる装置。仕組みは単純。→

糖度・酸などの測定。「見た目」や「かじって（なめて）味を見ろ」ではなく、計算で生育を予測すべし。

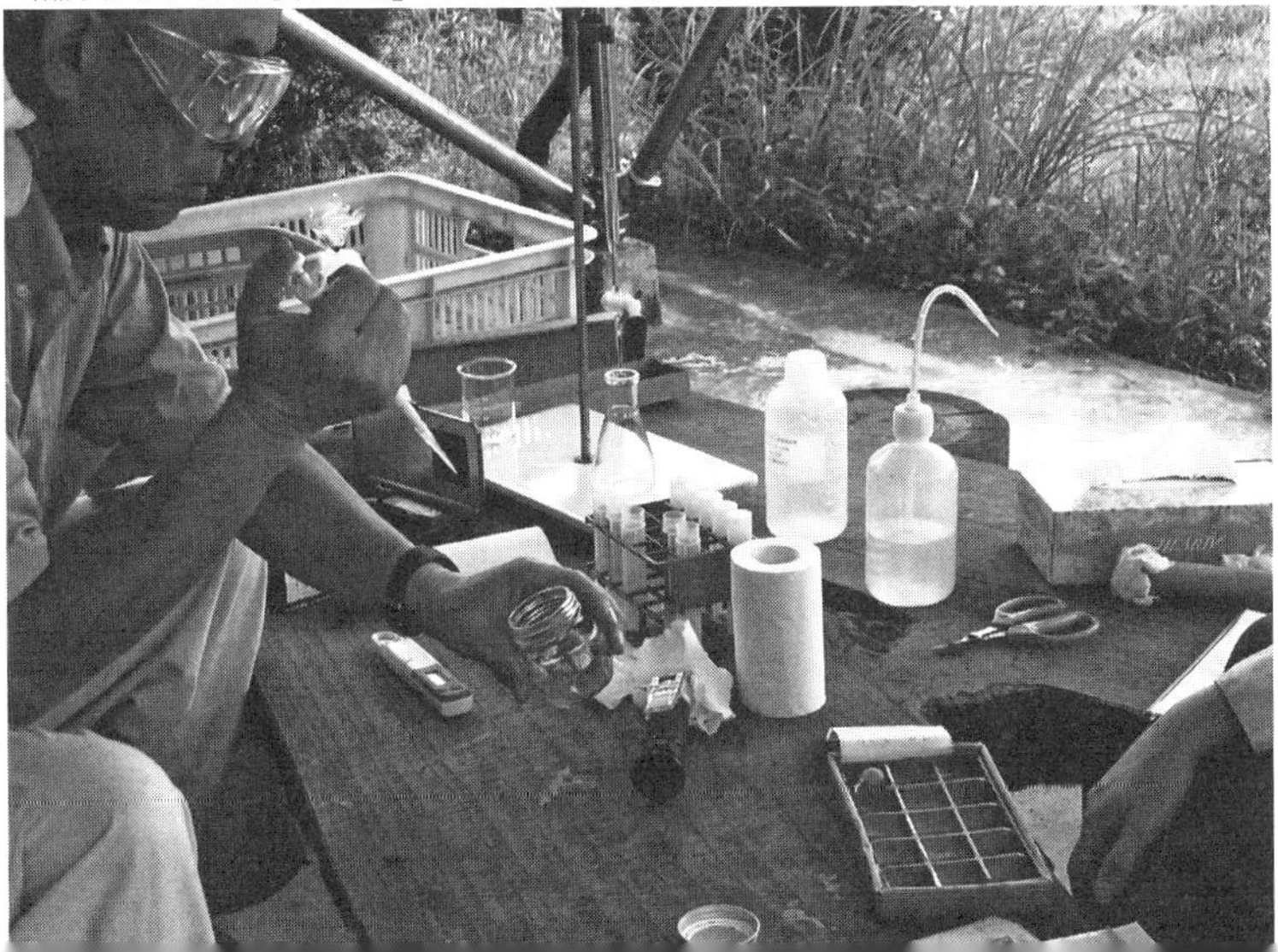

6

いろいろなチャレンジが楽しい
趣味の作物づくりで一石多鳥

食べたい作物をこだわり農法でつくり、食卓に並べるゼイタク

脱サラで新規就農する人は、とにかく「有機農業」をやりたがる。

脱サラ就農者が書いた本を読むと、「有機農業」「無農薬無化学肥料」といったキーワードで味付けされた内容が多い。

就農前、私も「化学肥料=悪」と思い、「善」の農業をしようと、福岡正信氏の『わら

一本の革命』などに感動した。

しかし、「有機農業」だけで食べていこうとがんばるのはヤバい。理想やこだわりを追求する前に、まず普通の農業で経営を安定させるべし！と断言できる。

スギヤマ式経営のこだわりは、

「農薬も化学肥料も使いつつ環境になるべくやさしい農業」

である。自分の生活を犠牲にしない範囲で、経営を考えているからだ。

そして、無農薬やこだわり農法などは、趣味の作物づくりで実現、試行錯誤すればよい。

そのためにも、ビジネスとしての農業と趣味の農業をはっきりわけよう！

「小麦」で基本技術を習得しておく

まわりから「百姓なら米をつくれ」と言われてきたが、前述した理由により米はつくらない。

農水省は米をつくれとうるさいが、小麦をつくれとも言い出した。

穀類生産は農の基本技術だから習得しておきたいと考えていたので、変人百姓としてはこれに取り組むことにした。一九九六年のことである。もちろん私の場合補助金はもらわない。

やるとなったら、まず取り組むべき**目標を整理すべし**。

①小麦の品種を選ぶ

②小麦を中心に置いた輪作体系を確立

③全粒粉の製粉技術を取得（戦後、食う物がなくて、母親にふすまを加工して与えられた記憶が刷り込まれた私としては、「もったいない」「食べられる」「栄養価も高い」「世界の三分の一の人達が飢えかかっている」……との視点から全粒粉にこだわった）

④お米を炊飯器で炊くような気軽さでつくる製パン手法の確立（うどんもだご汁もクレープもケーキもクッキーもつくるが、食パンが一番アマチュアには技術的落差を感じる）

①品種選び

まず品種は在来種（品種不詳）をつくり、次いで「鴻巣《こうのす》」さらに「阪東早生《ばんどうわせ》」に「八幡《はちまん》」と進めた。

まわりの評論家百姓たちに「日本ではパン用は無理。まして暖地の九州では不可能」と言われれば言われるほど「俺は普通人と着地点が違うんだ！」とばかりにがんばった。

それぞれグルテンの量も測定し、グルテンの特性の違いも確かめ、焼き試験などを経て、輪作サイクル試験に移行した。

②輪作体系の確立

輪作は私のようなこの分野のアマチュアにはむずかしい。

水田なら知らず、畑ではいまだ暗中模索である。

ソバ＋小麦で二サイクルつくったが、少し問題があり、小麦＋カバシコ（餅香り米）に変えた。

③全粒粉製粉技術の取得

製粉はまず石臼ではじめた。

しかし、何回挽いてもふすまはふすまだった！ そこで思い切って、粉砕機を買った。自分が納得できる高効率を得るまで架台を何度もつくり直し、いろいろ工夫しながら試験し続けた。その結果、一応安定に製粉できるようになった。自家用の残りは五〇〇グラムずつポリ袋に入れて、「道の駅」で販売した。

しかし、問題が三つ残った。製粉のロットサイズが家庭用としては大きいが、機械から見ると小さいので製粉開始前後の機械の掃除のときに出るロスが「ドケチ変人としては」

許せないぐらい多い。さらに一番気になったのはムギを叩き潰すので昇温してしまい、味がいまひとつ良くない感じがすることであった。

ある日、私が小麦を供給している変人パン屋の友人が、「俺はふるわんよ！」と言った。エー！　今まで考えてきた論理やプロセスが音を立てて崩れ、目からウロコが落ちた感じだった。

彼は私の小麦を天然酵母の種にしか使っていないが、石臼で挽いた後一度もフルイにかけないで使うという。「噛めばいいんだよ！　食べるとき！」と彼。

そうかそう考えるのか、と納得してもう一度石臼に戻る決心をした。

粉のラベルにも「荒挽き」「石臼挽きは一番美味しい」「良く咬んで味わって下さい」など余計なことまでカラーで印刷した。これが作物を「心で売る」ということなのだ。

④気楽に食パンを焼く技術

パンを焼く技術についてははじめからアマチュアが家庭でご飯を炊くように気軽に焼く方法という条件付きだから手段は限られる。H社の自動ホームベーカリーを買ってみた。

しかし、これでうまく焼けるわけがない。このような機械は外国産のパン用強力粉を使えば百発百中うまく焼ける。しかし、国産も南九州産小麦でしかも全粒粉一〇〇％という誰も要求しない条件には対応できない。結局、いろいろと工夫して使用している。

スーパーで売っている粉はすべすべしていて真っ白、よく膨らむし美味しい……他人の粉に感心していてもしょうがない。お金で片づけるのは都会人のソリューションである。私の道は変人ルート、ザラザラしていて黒くてさえない南九州産有機虫食い全粒粉という条件付きである。しかも手持ちの石臼で挽かねばならない。まあ当然かもしれないが、個人が家庭ですることだから大企業がやるように金にあかせて最高の技術、最高の人、最高の物を集めてするようなわけにはいかない。私にできることは最低の金、物、技術でも**「最高の満足」を得る**ことだ。そこでフルイを買うことにした。折しも業務用に私の全粒粉を買いたいとの依頼も来た。フルイも業務用を買って全粒粉の完成度をもう少し高めようと考えた。

しかし、そんなフルイはどこにもない！　どこにもないだけでなく誰もそういうフルイの販売ルートを知らない。私がソバを販売用に製粉するときや籾を精米するさいに利用する地区精米所のフルイも三〇年ぐらい前に買ったものだという。

世の中、機械化がどんどん進むと要素技術のインフラストラクチャーも消滅してしまうんだなーと悲しくなった。

道具にこだわりたい

それから数日して、友人から電話があった。見つけたと言う。お店にすぐ電話を掛けて、二〇・三〇・四〇メッシュで直径四〇センチぐらいの業務用フルイが欲しいと言うと、「尺三寸ですか？」と返ってきた。「尺三寸！」良い響きだー！　これは本物とすぐわかった。

その店は、まるで新しいオモチャの山を見つけた子供のように私の心を騒がせた。見たこともない竹製品などがずらりと並び、まるで五〇年前の故郷にタイムスリップしたかのようだった。

たまにアンティークの店や民芸品の店に置いてあったりするが、この店はすべて現役で使うために置いてある。川でウナギを捕る「受け」も農作業で老婦人が背負うかごもどれもこれもいまだ竹の緑が残る新品で、それも一個二個でなくたくさん並んでいる。これは何だろう？　あれは何に使う物だろうと楽しんでいると、店の奥から竹久夢二の絵から抜け出してきたような若い奥様が帳場に出てきて、それは醬油をつくるときに使うかごです、いまでもこの辺では自家用につくる人がいますとか、それは釜煎り茶を乾燥するときに使うバラと炭火囲いですなどと一つ一つ丁寧に答えてくれた。ここでは唐傘も外人さんのお土産用の装飾品や日本舞踊に使う華奢なものでなく実用品が並んでいた。

＊

地区文化祭にこの全粒粉と食パンを開発目的、経過、途中データのパネル付きで出品した。食パンのレシピはバージョン23ぐらいに相当する。このレシピはバター、卵、牛乳などを使って菓子パンのような感じで食パンとしては味が濃すぎるかもしれないが、一口食べた食感で**メッセージが伝わりやすい味**ではないかと思い選んだ。地区文化祭は多少マンネリ化して特徴のない芋や大根が並んでいるという向きもあるが、なかにときどききらりと光るダイヤモンドのような物に出くわし、こんな技術が田舎に埋もれているのか！と感心し、その出会いに感動することがある。

夕方、自分の作品を回収しに会場に行くと係が、「来訪者みんなが食べさせてほしいと要求し、大評判だった」と伝えてくれた。「朝昼晩米の飯を食わなければ腹がおさまらないんよねー」という土地で一石を投じられたかもしれない。地区の仲間がおめでとう！と祝福してくれた。家に帰ると電子メールが入っていた。熊本のパン屋さんからで、「葡萄園スギヤマの全粒粉を買ったのでそれでパンを焼いてみた。仕上がりもいいし、美味しかった。業務用に供給してほしいので、つくったパンを持って打ち合わせに行きたい」ということであった。

こうしたことが百姓冥利につきるのである。

食べたい果樹をつくる、これが基本

家のまわりに一〇〇〇坪ほどの畑がある。これを全部庭として使ったら、農業委員会に叱られるだろうから、「庭のようだけどじつは樹園地、または果樹園のようだけどじつは庭」というような、まるで政府の憲法解釈のようなテクニックを考えた。

そこで果樹の試験場ということにし、自分たちが食べたい果樹一四種四一本を植えた。その中に桃があった。桃は宮崎県の農業指導基準では推進対象樹種には指定されていない。ということはこの地では栽培がむずかしいということらしい。

したがって、当然まわりには手本がまったくない。

剪定から肥培管理など育てる方法はすべて手探りだ。

植えた桃の品種も当初は、世の男性諸氏がおしなべて深層心理で女性の胸に巨大たらんことを望むごとく、特大の桃の品種ばかりを選んだ。

確かに桃は大きくなった。一つ六〇〇グラムを超えるものも珍しくなかった、が味はいまひとつとわかり、切り倒しては植え直したり、たわわな実をつけたまま台風で根本から折れるなどの曲折を経て現在の品種に落ち着いた。

あえてむずかしい栽培に挑む！

売るといっても最初は売れるような状態にはならない。花が咲いて実にはなる。しかし、熟すまでに一〇〇％すべてが虫か細菌の餌になってしまった。

あ～最低限の予防（農薬）と袋掛けはどうしても必要なんだと思い知らされる。

袋屋さんに桃用の一番大きな袋を注文して掛けた。すると翌日には何と全部の袋が風で飛ばされてなくなっていた。ぶどうには五～一〇センチの果軸があってそこに袋を留められる。しかし、桃の果軸はマイナス五ミリからマイナス一〇ミリぐらい、すなわち枝が実に食い込んでいる。そのうえ庭、いや樹園地には防風施設がない！

もちろん園地を防風ネットでくるむぐらいの資本を用意できる程度の経営はしている。しかし、それでは花が美しく楽しめない！　ここは庭なんだから！

わが庭では花が主目的で、果実はオマケである。

試行錯誤の末、ぶどう用窓空き袋に包丁で八センチほどの切り込みを入れて桃の実が生っている枝に針金で留めるようにした。これで台風でも飛ばされず、収穫時は袋の中の着色状況を色で確認できるようになった。

岡山は白桃という言葉が示すように、桃は白くなければならない。色はついてもほんのりと桃色！という常識があるらしい。したがって、桃用の袋は光を遮断する目的もある。が、私のビジネスモデルは常に！すべての常識に背を向けることからはじめている。

ぶどうの袋は薄く、白いので、桃はたっぷり太陽の光を受けて着色し、収穫適期が判定しやすい。

「世界がもし100人村だったら」分析

「世界がもし100人の村だったら」的表現を借りて、出来を把握する。

この場合、一〇〇〇個の花が咲き、七〇％が自然に淘汰され、三〇〇個の実が肥大する。うち一〇〇個に袋を掛け、二〇〇個は摘果、ちぎって捨てる。一〇〇掛けた袋の中で、三〇袋の実は生理落果し、二五個は虫に食われ、三〇個は病果になり、残り一五個のうち一二個は完熟落果し、三個だけがお客さまに狩りで収穫される。

一二個の完熟落果のうち完全な形でお客さまの口に入るのは二個であろう。

一〇〇〇個の花から一〇〇袋掛け、五個が売り上げになったことになる。これが着果開始後五年目の状況だ。

このように苦労して育て、袋掛けし、収穫時になって袋の中で落果したものを毎朝、昼、夕方集めても売りものになる桃がほとんどとれないという状況が続いた。

妻も音を上げて「苦労してつくった桃を毎日大量に捨てているだけではあまりにももったいない。早めに穫って市場に出し、少しでもお金にしたほうが良いんじゃあない？」と言い出した。それに対し、頑固な私は「いや、ぶどう狩りに来たお客さまに樹の上で完熟した桃の味を知ってもらうための投資期間だからこのままがんばる！　栽培現場の苦労を何も反映せず、**他人が価格を決める古典的販売システム**には興味がない！　私はまったく新しいビジネスモデルをつくるんだから！」と言い続けた。

宮崎には桃の手本がないので、熊本の産地も見に行った。桃の園はまるでゴルフの練習場のようにネットで囲まれていた。風や害虫への対策だという。それだけ風で落ちやすく、虫に食われやすいということのようだ。

同時並行でパソコン通信（まだインターネットは普及していなかった）を通して、桃をはじめるがどのように栽培したら良いか投げかけた。親切なネットワーカーの方からいろいろとご指示いただけた。情報収集にネットは不可欠だ。

桃作りについて要約するとこうなる。

桃は台風に弱い。高さ五メートル、上も横もネットでくるむ。

ただし、それでも風速四〇メートルを超えることが予想される場合には、施設が倒壊する恐れがあるので、ネットをはずして桃と樹を放棄し自然にゆだねる。虫も防ぎたいならさらに四ミリ目のネットでくるむ。その場合、風速三〇メートルを超える可能性があれば、あらかじめネットを剝いで桃と樹を放棄し施設を保護する。

さあどうする?! 風速三〇メートルを下回ったら、東京は知らず、ここ宮崎では台風とは言わない。だめかもしれないからしょっちゅう剝すネットの施設に投資することに意味があるのか??

この命題に直面したとき、私は何もしない！ 何も対策を取らないと決めた。「花が楽しめれば良いさ」と洒落を決め込んだつもりだった。

農業を見くびった恐ろしい罰

二〇〇二年七月前半、一本しかない最初の桃「あかつき」が熟して販売した。

そして七月後半にはいよいよメインの桃、一番美味しくて気むずかしがり屋の「清水白桃」が熟しはじめたとき、台風七号が来た。

台風としては強いほうではないが、熟して枝が垂れ下がっている桃と樹にとっては大敵である。急遽一二コンテナーほどとった。がそれ以上収穫しても私の直売所では捨てることになる。後は少しでも樹の上で残るように神に祈るのみであった。

台風一過、夜が明けて園に出て見ると案の定枝は折れ、樹の下は桃・桃・桃、枝には中で落果した袋が垂れ下がり、落果を免れた実も大半が打ち身や傷で販売に耐えられない体となった。

アルバイト学生を総動員して地上と樹から見苦しくないように回収し、ほとんどを友人の鶏のえさに、部分的にでも食べられそうなものはあちこちの友人たちに配った。

まだこの後、三品種が無傷で控えているので、それが熟せばこの痛手を取り返せると気を取り直した。次の「吉富白桃」が熟しはじめた。さあこれから取り返すぞ、と張り切っているとそれを待っていたかのように台風九号が来た。

同じドタバタがまた繰り返され、さらに駄目押しの台風一一号が残った二品種の熟期に合わせて襲ってきた。

足のふくらはぎほどもある枝があちこちで折れ、桃の袋ごと地上に横たわった。無傷の桃はほんのわずかとなった。

ところが、私が農業の厳しさを見くびった罰はその駄目押しで終わりではなかった。八月一三日、カラスが大挙して襲ってきて残った桃をつつき回し、袋を破り食い散らかした。

いままで七~八年、桃はカラスにやられたことはなかった。柿やぶどうやスモモなどは毎年餌食になっていたが、桃は被害にあったことがない。

しかし、二〇〇二年のカラスは違った。

残っていたわずかな桃の三分の一をやられた。

そして最後に、「駄目押しの、駄目押しの、駄目押し」が襲来した。

カメムシである。

朝見回ると残り少ないすべての桃の袋に数匹ずつのカメムシがいて、吸汁管を刺す場所を探っている。大変だ！　アルバイト学生が出勤したらすぐ全採りに着手した。それでもすでに残りの大半はダメージを受けていた。

先輩の言葉を聞いておけば……

自然はここまで我々百姓に試練を与えてくれるのか？　というシーズンだった。

直近の四年間で桃に掛けた袋当たりの売り上げを相対比較したら過去三年間年々改善していたのが、この年前年実績の四〇％まで落ち込んだ。この年の被害がとくに厳しかったことを表している。最初に桃を植えると決心したときにいただいた先輩方々の助言通りに園をネットで包んでいれば、こんな被害は出なかったのに！　と強く反省した。閉園後桃の成木七本をチェーンソーで切り倒した。桃約四〇〇〇袋分である。

＊

そうした失敗も乗り越えて、お客さまの評価は年々向上した。不良率も少しは改善し、お客さまからの贈答用の要求も増えてきた。

ぶどう狩りの期間に、桃狩りだけを目的に来てくださるお客さまも増え、道路横の公園のように広々とした果樹園でお客さまの陽気な声や、桃を頬に寄せて写真を撮る姿が絶えることのない日々が続いた。

私のぶどうの開園期間は「七月中旬〜八月下旬」の約五週間。その中で三〜五日ごとに見たシーズン需要対供給を最適化するのが現在の努力目標になっている。この五週間に切れ間なく供給するため桃の品種も増やした。三・五日単位で見た各シーズンの需要に合わせた供給をデザインしている。

桃の需要供給の最適化の次の課題はその後の第三、四、五の果樹に移り、第三果樹園の育成解除を見据えた戦略へと夢は無限に広がる。

いろいろ手を出す前に知っておきたい失敗例

ぶどうをつくりはじめて半年、ぶどうが生った。当時は、なんにでもチャレンジしようという興味のほうが食えるようになることより突出していた。当然何の疑問も迷いもなくワイン作りにも挑戦した。

このチャレンジには伏線がある。

家でぶどうをジューサーにかけて、フリーザーで凍らせてシャーベットをつくった。翌朝、クーラーボックスに詰め、三日目の観光農園で販売した。翌々日残ったぶどうジュースを飲もうと冷蔵室のビンを取り出して栓を抜くともうかすかにアルコールの匂いがした。

あ！　ぶどう果汁はそのまま置くだけでワインになるんだ！　とそのとき知った。

もうブレーキは利かない。人の性《さが》である。

ぶどう園から残り少ないぶどうを二〇キロほど収穫してきて、まず果軸から玉だけザルに落とし、処女の足で踏むべしと伝え聞いていたが、わが家には処女はいなかったのでおじさんとおばさんが手の平で「くっちゃ、くっちゃ」と潰した。

醗酵容器はカメが良いと聞いたが、わが家にはカメがない。最初は情報をなるべくたくさん収集したほうが良い。醗酵の途中経過など目視観察しやすい容器が望ましいとガラスシリンダーを多数購入した。補糖濃度など各種条件を変えてロット間情報を取ることと、同一条件でのロット間変動を知るためであった。

シリンダーの下のほうからブツブツと炭酸ガスが湧き上がってゆくのを毎日飽きもせず眺めて楽しんでいた。

完成品を詰めるビンを購入し、ラベルをつくり、でき上がったワインをあちこちに配った。

感謝されたという記憶よりも、迷惑そうだった印象が残る。

が、ほかのぶどう農家たちにもらった密造ワインよりもわが家の酒のほうがましだと信じた。だから売りたいと思った。

年が明ける。一九九一年、その年は一年目の農業経験を踏まえてぶどうの販売は全面的に観光農園での直売に移行する決断をして、一月一日から準備した。元旦に観光農園を成功させるためのアクションプラン四〇項目を立案し、妻と二人で分担して準備に入った。

しばらくすると、近くの酒造会社から従業員が頻繁に偵察に来るようになった。

その露払いが一段落したころ、社長が来た。

いろいろ話した最後に社長は超真面目に、「ぶどうを切り口に共同研究をしましょう」と提案してきた。

そして数日後、その会社の研究所長と研究者三名が訪ねてきて共同研究の開始となった。

その年の年末、最初の研究報告書がつくられた。

検討の結果、このぶどうはワインには向かないとの報告のみが口頭でなされた。

残念！　やはり生食用ぶどうはワインには向かないかー。

このとき就農後最初の挫折感をちょっぴり味わった。

そして一年後、ぶどう園横の畑で作業をしていると、また社長が車で通りかかり、畑まで降りてきて話をした。

彼はとてもうれしそうで、「日本の大手酒類企業からイギリスに留学していた技術者を採用した。近々つれてくるからワインプロジェクトをよろしく」と伝えられた。

「そうかー！　一昨秋の共同研究報告の結論『ブラックオリンピアというぶどうはワイン作りには向きません』というのは彼にとっては終わりではなく、単なるはじまりのセレモニーだったんだ」と悟った。

日ならずしてその若い技術者Hさんが来た。

従来ワイン作りでは収穫されたぶどうの特性を補うため補糖だけが認められていたが、いまでは補酸も可能になったので生食用ぶどうでもつくれるとのことであった。

既成概念にとらわれずにゼロベースで開発研究をしましょうと握手した。

ぶどうが発芽して花が咲くころになると、このプロジェクトは急を告げた。

県内の酒造会社からTさんが移籍してプロジェクトリーダーになり、山梨でワイン工場を経営していたベテランKさんも加わり、試験醸造免許も取得した。

私はこのチームメンバーが大好きになった。

もともとの会社の従業員色の超うすい、みな個性が強くて研究熱心、向かうところ敵なしの起業家ばっかり集まったようなチームだった。

記録的なスピードでワインの試験醸造が進められ、同時進行で工場設備の検討とフライング発注が進んだ。

この種のプロジェクトとしては異例の速さで免許も試験醸造から本醸造へ切り替えられて工場建設が完工した。

工場完成記念パーティーのシメの挨拶に指名された私は「いままで焼酎をいただいてぐっすり安眠できました。これからはこのワインを飲んで素晴らしい夢が見られます」と挨拶した。

工場側と農協を中心としたぶどう生産者との長期供給の話し合いも進み、ぶどう増産のため町も新規参入生産者に補助金をつけた。

ぶどうの生産者価格はＪＡ販売部門とぶどう生産者幹部の間で一キロ四〇〇円に決まりかかったが、私が猛反対して、結局一キロ五〇〇円に落ち着いてプロジェクトがスタートした。

風がふけば農家が儲かる？

「人は遷移状態に生きる」と常々位置づけている。

家を建てるのも、車を買うのも、工場建設も、そして何かプロジェクトを立ち上げるときも、人が最も燃えて熱中し生き甲斐を感じるのはそれを手に入れるまでの過渡期だけで、手に入ってしまうと情熱は薄れる。伴侶に関してだけは例外だが。

このワインプロジェクトもフライング、フライングで設備を選定し、発注して組み立てるという、リスクを取ってチャレンジする段階から、リスクを排除してコストを下げながら安定生産するという異なる人的資源が要求されるようになった。

ワインの生産がはじまってまもなく技術的信頼関係で強く結びついていたHさんが「情

報というものの価値やコピーライト、技術資産」を評価しない田舎の風土になじめず去った。

次いでワインに対する深い愛着で通じ合っていたKさんが、最後にはプロジェクトリーダーのTさんまで去るにおよんで、残念ながら私とこの酒造メーカーとの結びつきは遠くなった。

はじめこのワイン計画がスタートするとき、このプロジェクトは町内のぶどう農家にとってプラスだろうか？　と少し悩んだ。

そして思考論理（「風がふけば桶屋が儲かる」論理）は次のように展開した。

ぶどう生産者は資材費や労働再生産費を稼ぎ出すために、コストダウンを図らなければならない。

←

コストの中で最も大きな割合を占めるのは労働再生産費だから、時間短縮が必要だ。

←時間短縮をすれば、粗放栽培の結果、ぶどうの品質分布幅は当然広がる。（岡山のように分布幅を狭くしすぎると、異常にコストがかかるのだ）

←幅の広い品質分布のまま売ると、低い品質のぶどうに対する評価により平均売価が下がる。

←もし外観品質の最下級グループの受け皿があれば、上位グループはより高く販売することが可能になり、農家が生産に伴って規格外品を捨てることもなくなり経営的にも画期的改善ができる。

この結論はわが町のぶどう農家にとって福音となると確信した。

しかし、実際に生産がはじまってみると、年を重ねるごとに町内のぶどうの平均品質は急激に下がった。

本来、適度の粗放化は品質のバラツキの幅は広げても平均は下げないはずだが、「どうせワイン用は小玉も外さなくてよい」と思い、摘粒しない人や、売価が安いんだから袋も掛けない。袋を掛けなければスリップス（ぶどうの果軸を緑色から褐色に食い散らす肉眼で見えない虫）の予防もできない。という品質低下スパイラルに入ってしまった。

工場とJAを中心としたぶどう部会の価格交渉は年を追うごとに下がり続け単価五〇〇円／キログラムでスタートしたぶどう供給価格は、大人と赤子のような交渉力の差でずるずると三五〇円／キログラムまで下がった。

夢のようにスタートしたワインプロジェクトだったが、優秀で最高の仲間たちはみな去った。

綾の農家の栽培するぶどうの品質は落ちに落ち、反収（一〇アール当たりの収入）も下がった。単価はビニールハウスで栽培する四倍体ぶどうとしては安くなりすぎた。

そして私もぶどう部会からお払い箱になってしまった。

どこで、何を、間違ってしまったのだろうか？

粗放化という労働の節約を積極的に活用？

生食用のぶどうを栽培して、観光農園でお客さまを受け入れつつ、その一部を加工用としてワイン工場に出荷する経営は農家にとってきわめて快適だ。

加工用という下限品質ぶどうの受け皿があるから捨てる物がまったくなく、でき上がったぶどうは最後の一粒まで売り切れる保証がある。

したがって、安心して粗放化を進め、労働力の節約ができる。

一方、もし付加価値アップと売り上げの向上を望むならより丁寧な房作りをして、観光農園にも力を入れ、直売比率を高めることもできる。

しかし、ある日突然、加工用出荷の窓口が閉じたらその快適な販売ルートは消滅し、新たに自前の販売システムを再構築しなければならない。

しかも、固定客比率の高い私の園ではお客さまが学習効果によって年々要求水準を上げてくる。当然粗放的な販売システムでは対応できない。

もう一度、105ページの図を参照して、販売の仕組みを見てほしい。

粗放化栽培の結果生ずるぶどうの品質はバラつき、その分布は図のようになる。

それを品質に応じて価格設定し、お客さまのあらゆる要求を吸収するわけだ。

贈答品の予約率は約八〇％で、加工用C品の予約率も一〇〇％。これが**労働の有効利用、待機時間の減少**、に大きく寄与する。

経営的にも効率化のポイントになる。

加工用の販売も最後の一粒まで販売する。

開園期間中お客さまとのコミュニケーションを通じてジャム作りの楽しさや、ワイン作りの夢を語る。

ワインもジャムも我々の得意とする経験を披露するだけでよい。

その結果、プリザーブ・スタイルのジャム作りに挑戦するお客さまやワインを手作りして結婚記念日を祝うか、誕生パーティーに自家醸造のワインを囲んでみようかというお客さまが出てくる。

それに対して、我々が用意したレシピやマニュアルを差し上げて、新しい経験を支援する。

*

一九九九年、私のＪＡぶどう部会における地位も回復され、自前の加工用出荷販売に加え地元ワイン工場向けの出荷ルートも再開された。

ぶどうの販売も六形態が競合する、さらに快適な販売環境が確立した。

桃の売り上げが次第に無視できない規模になるにつれ、労働時間の制限からぶどうの着果量をより厳しく減らし、それが品質向上を加速するという**ユーザー・フレンドリーな良い循環**ができ、経営もより楽しくなった。

今後は、スモモなど果樹のバラエティーを増やし、顧客の嗜好の多様化に添う経営をより強化したいと考える日々である。

ワインをつくりたい一心で試行錯誤し、地下室までつくったが、紆余曲折の結果、自身はドクターストップで断酒、いまや他人に酒造りを勧めるコーチ専業になってしまった。

まとめ

悠々自適の農業経営が楽しくて快適なのは、「ゆとり」ゆえの試行錯誤が何でもできることである。時間の、経済上の、心の「ゆとり」があれば、いろいろなアイデアでチャレンジしてみて、その成果を確かめることができる。

もちろんこの試行錯誤に経営そのものを賭けてしまってはいけない。

これはあくまでジャブである。

結果が良かったら、それを十分確認したうえで経営に取り込む。それもいっぺんに取り込むことは危険だ。

私はぶどう園を根域制限から普通の土耕栽培に切り替えるのに五年かけた。マンソン方式を平棚に替えるのには五年、超弱剪定を採用するのにも約一〇年の歳月をかけた。百姓は改善また改善のプロセスを楽しみ、それ自体が人生なのだから、急ぐ必然性はない。

本章は、思いついたことは何でも試してみようの精神で試行錯誤して、失敗を繰り返した記録でもあった。

❸ 人生で大切なことは農で学んだ

人生を楽しむために、週休四日で、上司もいない田園生活を送りたい。

そのためには、農業を職業とするのが一番手っ取り早い！

みんなどこかでそんな生活を楽しみたいなと憧れて本書を手にしたはずだ。

悠々自適の生活をするからといって、毎日をダラダラと過ごしていれば「快適！」というわけでもない。

悠々自適にもコストがかかる。

生活環境をより快適にするための努力、そのためのアイデアの模索、試行錯誤。

作物についても同様である。

まず作物を好きになること。または、自分が好きな作物を栽培して経営と生活が成り立つようにする努力が必要である。作物にも愛着を持って感情移入するぐらいになれば、自然にその作物での付加価値も増えてくる。

また、会社勤めでは、会社の方針や業務などの時間的制約で、持てる夢にも限度がある。会社人間では自分の時間は持ちにくいが、百姓は自由な時間をたくさん持てる。

この章ではそんな側面も紹介しよう。

体を動かす農業においては、
仕事は工夫ひとつで遊びになる。

乗用モアーによる草刈。
ゴーカート気分で苦にならない。

農作業の後の汗流し。
これが一番効果的なクール・ダウン。
家から数分の清流で汗を流し、火照った体を冷やす。
妻はお願いだから裸で軽トラックを走らせるのを止めて!
と言うがこの快感は止められない。

1 夢を満たせる職業です！

〝週休四日〟で〝上司もいない〟田園生活

「田園生活」のライフスタイルにおいて何が一番のポイントなのか？

ズバリ、それはネットワーク（人とのつながり）なのである。

私の場合、大きく分けて次の三つのネットワークを構築することで、快適田園生活をデザインしている。

①仕事を遂行するためのネットワーク

②家庭生活を維持するためのネットワーク

③余暇を楽しむための趣味・自己実現ネットワーク

これらが三位一体となって、仕事も、家庭も、余暇も（時間だけはたくさんある。退屈しないように！）うまく組み合わされて、生活の中に充実感と潤いと楽しみを創り出している。

自由な時間が増えたからこそ、充実のネットワークを築く

①仕事のネットワーク

お百姓さんを快適に過ごせるようになった最大の要因は、これがうまく構築できたことだ。そんな人間関係（友人）をつくれたことが大きい。

以下、たくさんの仕事のネットワークがある。

・機械を貸したり借りたりできるお百姓さんのネットワーク。

・技術情報についての相互依存ネットワーク。

教えを請うたり教え合ったりするグループだ。これは、綾町を超えて、九州、日本全国にわたる。私は「九州ぶどう愛好会」などに参加している。

・困ったときに、人手を借りたり、手伝ったりするローカルネットワーク。

・お客さまのネットワーク。

直販をしているので、顧客名簿は一五〇〇名を超える。単に「お客さま」としてだけではなくて、日常生活にも関わってお付き合いをさせてもらっている。

・ＪＡ関連のネットワーク。

技術情報や機械の保守などで必要だ。

②生活のネットワーク

・芋煮会をしたり、蕎麦打ち会をしたりする。よんだりよばれたりのパーティーをやったりしてる仲間たち。

町内で七名くらいいる。この七名が各々の友だちもよぶから、そこから派生して総勢は二〇〇名だろうか。これが生き甲斐になっている。

・おすそ分けのネットワーク。

これが食生活を豊かにする。野菜がとれたから食べてくださいとか、新米ができました。とか隣人の方が持ってきてくれる。物々交換だ。

だから、わが家では米や野菜を買うことはない。自然にどこかから来る。

・地域や地区、公民館のネットワーク。

地域で暮らすための有意義な情報が提供される。良好な関係が必要だ。

③自己実現&趣味のネットワーク

たとえば、妻は絵本の読み聞かせのグループに参加したり、私は、音楽のグループで「錦原《ニシキバル》ジョーカーズ」というバンドをやっている。練習後に鍋パーティーをやったりと、毎日を充実させてくれる。

このようにネットワークは多重構造で、三位一体となって絡み合う。

仕事、生活、趣味といろいろな切り口で結びつく。

私は綾町で農業しているだけだが、総計二〇〇〇名以上のネットワークが存在しているのではないか。

このネットワークを上手に使って、うまくお互いに助け合い、ライフデザインをしていくことが必要だ。

2　人間の本能に根ざした生活を
太陽の恵みを回収しつくす

就農四年目にして家を建てようと決心したとき、リビングには「暖炉」をつくろうと企画した。しかし、図書館で構造や運用技術などをいろいろ調べるうち、総合熱効率三%という壁に突き当たり断念した。

次に考えたのは「薪ストーブ」だ。ヨーロッパには熱効率が五〇%を超す製品がいろいろある。これを設置しようと計画をどんどん進めた。

大工さんは予算の点で難色を示した。

何しろ当初の予算ではメインビルディング（母屋のこと！）八〇〇万円、アネックス（納屋のこと）四〇〇万円で、しかも八〇〇万円の中には合併浄化槽から皿洗い機、ディスポーザー、ダストシュートまで込みだったからである。さすがに最後には納まりきれず、電子式宅内交換機を中心とした通信設備とその工事は予算外にしたが、一〇〇万円近いストーブとその周辺部品は納めるのが困難だった。

大工さんには近代的な農家のモデルハウスを造るんだからと協力を要請した。設計が次第に固まりメインビルディングの延べ床面積一一〇平方メートル、七メートルの高さの吹き抜けのあるリビングはキッチン、ダイニング、和室ともワンルームになる構造なので外気温〇度、室内二〇度のとき一二〇〇〇キロカロリー／毎時必要とわかった。これは堅木の薪を一時間に六キログラムずつ燃やし続けなければならないことを意味する。

薪を集め、チェーンソーで切り、割り、乾燥して保管し……とそのシステムを維持するためのすべての時間、コスト、労力を考えると、まだ週休四日制も達成していなかったし、労働生産性と収益性を追求している状態としては断念せざるを得ない状況であった。

最高の贅沢を知るには？

現在、私のまわりで綾町に外から来て農業をまたは農的暮らしをする者は一〇名を数えるが（私のまわりでなければもちろんもっとたくさんいる。変人は付き合いの範囲が狭い）、一一名のいまだ家を持っていない者を除くと八名中四名まで、五〇％の人が薪ストーブを生活の中心に置いて楽しく生活している。

みなストーブの選定から設置、煙突工事まで自分でおこない、一人として他人のコピーをした人はいない。残る四人も一人の変人（彼はコストが高いということは、それがソーラーだろうが風力だろうが薪であっても何にせよ、その高いコストに見合った化石エネルギー資源をどこかで浪費していると固く信じている）を除けば、みんな状況が許せば木を燃やしてエネルギー供給したいと考えている。

これはきっと人間みんなのＤＮＡの中に炭火の遠赤外線輻射熱を、ファンヒーターの無味乾燥な暖かさでない、木の燃える炎の暖かさを好むという刷り込みがなされているのではなかろうか？

私が育った田舎（いまは成田空港に蹴散らされて原形をとどめないが）では、一九四〇年代、すべての農家は山の下草刈りで集めたものを風呂でもかまどでも囲炉裏でも焚き、家庭の**年間エネルギー需要の九五％以上を自給**していた。外部導入していたエネルギーは四〇ワットぐらいの裸電球二、三個と一〇ワットぐらいの五級スーパーラジオ一台、年一、二回使う発動機の燃料一〇リットル程度で、運輸はまれに木炭バスに乗る以外は人間が引くリヤカーと自転車、それに荷車を引く牛の餌の稲藁と草と芋のしっぽに米ぬか、豆などすべて自給であった。

私も煙にまかれて目を真っ赤にしながら火吹き竹でかまどの火を焚いたり、囲炉裏の灰の中に芋や餅を突っ込んで焼き、灰を手の平で叩き落としながらアチチ、アチチと食べた記憶が幼心にも焼き付き、新鮮で忘れられない。

だから、コムシャック（コミュニケーション（交流）・シャック（小屋）の意）の中心には「囲炉裏」を据えた。

もちろん妻は反対した。そんなの煙くてやってられないに決まっている。そんなものを真ん中に置いてしまえばレイアウトに柔軟性がなくなり空間の利用が制限される。そう、妻はすべて論理的には正しい。彼女がレイアウト変更を趣味にしている点を含めてもなお私に勝ち目はない。

そこで囲炉裏で火を焚くのは男のロマンである。「お願い！　死ぬ前に一度だけその夢を叶えさせて！」とか、「私は先祖から預かったDNAの命ずるままに行動しているだけだ！」などとどこかのカルト教団の教祖のような言動でここは押し切った。

自然に埋没して生きていく快適さ

太古に降り注いだ太陽エネルギー（化石燃料のこと）を使うと環境破壊で、最近（時定数の閾値は知らない）降り注いだ太陽エネルギー（薪など）を使うのはエコロジカルだと思い込むのが二一世紀の思想らしい。

が、田舎暮らしではそんなファッションはどうでもいい！

とにかく自然に埋没して生きていくのが快適だ。

私は太陽エネルギーの一次産品、ぶどうや桃など農産物を育て、販売して生活の糧を得ているので、朝な夕なに太陽を拝む。


昔は田舎といえばあちこちで煙が立ち昇っていた。

柴刈りに行けばそこで火を熾してお茶を沸かす。

田でも畑でもお茶を沸かす煙やら藁くずや籾殻を焼く煙が立ちこめるのが、田園の風景だった。

しかし、最近はそんな煙がめっきり減って風情がなくなってきた。みな電気で沸かしたお湯をポットに入れて持参する。または自販機で温かいコーヒーやらお茶を買ってくる。

果樹農家は毎年剪定・間伐・縮伐などで樹や枝を切ることが主な仕事でもある。一ヘクタール以上の果樹園を管理していると、ほかに庭木や防風林などの枝を三メートルぐらい積み上げて燃やすことがある。

しかし、最近はそんな昔ながらの行為を通りがかりの人は「胡散臭げな視線」で見る。彼らはアマゾンの焼畑は環境破壊だと叫び、宮崎県椎葉村の焼畑は伝統行事だと誉めそやし、自分は化石燃料ジャブジャブ消費の「近代的」生活をしている。でも確かに剪定枝を畑でそのまま焼いてしまうのは、せっかく固定した太陽エネルギーを丸々捨ててしまうので「もったいない」と常々思っていた。

そこでチッパーという機械で細かくして圃場へそのまま還元することにした。機械を稼動させる前には使用規準を定める。チッパーについては、枝の太さが直径五センチより細いものは原則すべてチッパーで細かくする。

のこぎりやチェーンソーで切る部分は薪にしてストーブの燃料にし、その消し炭は囲炉裏で煮炊きや焼き物に用いる。

この規準でテストをして驚いた。安い機械だが性能が想定を上回った。圃場に落とした剪定枝を夫婦二人で拾って機械に挿入するがチップに粉砕する速度が速くて夫婦で「ふうふう」言っても、集めるのが間に合わない。

残枝の処理時間がこれまでの収集→運搬→焼却方式の六〇％ですむ。購入肥料は二〇％

削減した。「胡散臭い視線」からも解放されてトータルで黒字になった。たぶん二年で投資回収できる。

煙突から出る木酢までとことん回収

ストーブの燃料は木工会社から出る端材を買っていたが、いまでは剪定、間伐、縮伐樹の五センチ以上の太い枝だけになった。いまや二年分以上のストックがある。

ストーブには煙突が横に二〇センチ、立ち上がって一メートル六〇センチ、山なり水平に三メーターで屋外に出て一メートル、垂直に屋根上まで二メートル七〇センチで大気中に拡散する。煙突の設計としては変則だが、熱の回収率は高い。最後の垂直部分の下草が茶色く変色して枯れている。あ!煙突の垂直部分から木酢が滴り落ちているんだと気がついた。これは放っておいたら「もったいない」。

わが家では一〇年以上前から木酢を毎年買っていた。何だ、わが家にあるじゃあないか、と遅まきながら気がついた。煙突の下にじょうごをつけ、パイプで誘導して滴る木酢をビンに集めた。二〇リットル近くとれた。ぶどう六〇%、桃二〇%、スモモ一〇%、サザンカ一〇%の広葉樹だけの木酢である。農業の現場でどれだけ効果を発揮するかわからないが、どうせ市販品も樹種など成分不明、原木の乾燥度不明で何の保証もない。それに比べ、内容が明らかで今後自分で改善もできるだけましというものだろう。

外部調達することなしに太陽の恵みをとことん自分で回収しつくすという喜びには代えられない。

3

一七年間、お客さまが目の前で食べるのを見てきたが……
本当の美味しさとはなんだろう?

ぶどうをつくりはじめたときはまだ心に余裕がなかったこともあり、味について深く考えもしなかった。

とにかく、これで生きてゆかなくっちゃーという一心だった。

しかし、次第に自分が栽培した甘藷、キャベツ、白菜、スイートコーン、人参などと、売っているものとの味の違いが気になるようになり、畑で生のままかぶりついたりすることが増えた。

抜きたての人参をその葉でぬぐって泥味濃いのにかぶりついたり、朝露を払い落としながらキャベツを切り出し、そのまま横の膨らみにかぶりついて味わう。

俺のは世界一美味いなーと感じる。

これはきっと大脳皮質から品種情報やら用いた堆肥など肥料の情報などに加え誰が育てたか?という「エコヒイキ」情報が送り込まれるからかもしれない。

実際、店頭にあっても決して買わない品質のものでも自分でつくれば、ムダなく食べるものである。

顔の見える関係とやらが声高に叫ばれるゆえんだろう。

しかし、野菜などは調理されいろいろなフレーバーが加えられて食されることが多いし、「顔の見える」も所詮お題目に過ぎない。

糖度が高ければ美味しいのか?

それに比べれば、果物の観光農園ではお客さまが目の前でかぶりつき、目が口以上に物を言う。そんな場面を長く見てくるうちに「美味しい！」って何だろう？と考えるようになった。

はじめは単純明快、甘ければ「美味しい」と思っていた。教科書にも糖度何度のトマトやら、糖度一二度になるみかん、果てはスーパーで糖度九度のスイカなどとして売っていて、世の中に糖度万能を印象づけていたし、テレビなどでも「味探訪」系の番組ではどこでも食材を口に含んだタレントが「甘あーい！」とワンパターンの感嘆詞を連発していたからでもある。

しかし、あるときショッキングな事件に出会った。

観光農園に四人連れの家族が訪れ、小学生のお嬢さん一人を直売所のベンチに残して家族三人はぶどう園に入った。

私が普通は出さない希少品種の試食用ぶどうをぶどう葉のお皿に乗せて、「おじさんが特別に美味しいぶどうをご馳走するからね！」と持って行くと彼女、「私は糖尿病なのでぶどうは少ししか食べてはいけないの！」と悲しみをこらえた返事だった。

彼女には「甘くない、美味しいぶどう」が必要なんだ。

それまで私は直売所で糖度計を常に手元に置き、興味を持ちそうなお客さまには試食しているぶどうの糖度を測って見せ、私のぶどうへの思い入れを話すのが常だった。おかげでどの品種、房のどの部位、どんな玉で、玉のどの部分を測定すればより高い値が得られるかわかるようになっていた。しかしこの事件を契機に直売所で糖度のデモンストレーションをするのをやめた。

またあるとき、宮崎のKさん家族が来て「今年のぶどうは玉がぴんとはちきれそうになって口の中でブチュ̄ーと破裂する感じがないね̄ー！」と言われたことがあった。

糖度が高くなる代わりに果粒が少し柔らかくなったのだ。

「そうかー！　あの口の中でスパークリングする食感を求めているんだ」と納得した。

心や目で味わうぶどう狩り

そして三度目の事件。

ある年、前掲のKさんファミリーが来た。二人の活発なお嬢さんといつも声の大きいお父さん、そしていつになく弱々しく右手で腹部を押さえながら直売所のベンチにくず折れる若いお母さん。

私「どうかなさいました？」

お子さまたち三人「癌・ガン・ガン！」と叫びながらぶどう園に飛び込んで行く。

取り残された私と妻と苦しそうな奥様。頭の中が真っ白になって何を話したかも記憶にない。もう痛み止めも効かなくなった末期癌の奥様が、残されたほんのわずかの時間を過ごすために選んでくれたのが私のぶどう園だった。

苦しそうな、しかし幸せそうに子供たちがぶどう園の中をキャーキャー走り回るのを目で追っていた。おそらく一生私たちの目の奥から消えない。

美味しいって何？

房ごと口に運ぶ人、玉を皮や種ごと食べちゃう人、皮を一切れだけむいて口に含む人、皮を全部むく人、果汁をぼたぼたほとんど落としながら皮と種を全部指で処理してから食べる人などなどさまざまなお客さまを見てきた。

食の嗜好が多様化している中、その味わい方も多様化しているように思う。急に堅苦しくなるが、味にまつわる四つの要素をあげてみよう。

さらに、それぞれを分析してみた。

①舌で味わう

糖度・酸度・各香り・味成分の濃度ミックス

果汁の芳醇さ・果汁の量・温かさ・冷たさ
果肉の滑らかさ・細やかさ・プリプリ感など

②口・歯・喉などで味わう
堅さ・柔らかさ・果皮の張り・表皮の肌触り
果皮の破裂感・果汁のほとばしり感など

③目で味わう
房の形・存在感・玉の張り・玉の大きさ・形
袋が張り裂けそうに膨らんだ様・色・つや
ブルームの美しさ・冷えて露を被ったさま
皮のむけ方・内部の色・瑞々しさ

④脳で味わう
誰がつくっているか・どんな栽培をしているか
どんな環境で栽培・農家の栽培法へのこだわり
農家が作物を愛しているか・栽培ポリシー

品種栽培情報などの開示・感謝と愛情が伝わるか

味の優劣に普遍性はない、ＴＰＯだ

おそらくすべての人がそれぞれの経験と歴史に照らした要素と感性で味わうのだと思う。当然、同じものがある人には美味しくて、ある人には不満足なものと感じるのだろう。

白いお皿の上に食べ物を並べて目隠しテストなどのテイスティングがおこなわれる。そこで高い得点を得たものが美味しいと決定される。私はそんな味を支持しない。

「誰と食うか？」「いつ食うか？」「どこで食うか？」「どれだけの量食うか？」「何のために食うか？」などＴＰＯ（Time Place Occasions）が決める総合的なもので、優れて個人的な感覚だと思う。

一九九一年に観光ぶどう園を開いてからたくさんのお客さまがお見えになった。栽培談義も味の議論もした。

当時の統計で一シーズン延べ約五〇〇〇人のお客さまにおいでいただいた。

現在までの累計で延べ一〇万人に近いだろう。

果物の味、「テイスト・オブ・ブルース」それを追求する

お客さまの中に九〇歳代のカップルがいた。やさしーいおじいちゃんとかわいーいおばあちゃんで、私たち夫婦は一目ぼれした。二人が深く愛し合っているさま、いたわりあっているさまが一秒一秒伝わってくる。あのように老いたい!!というモデルのようなお二人で、翌々年、家族とともに再び来て、愛情の細やかさ、深さを再現した。

そしてその次の年、ぶどうの袋掛けをしていた時期、だったと思う。お電話をいただい

た。「どうしても電話をかけろとうるさいので、申し訳ありません」と謝る家族から代わった電話の向こうでお爺ちゃんの声がした。「今年のぶどうのできはどうですか？　お盆のころにみんなで今年も必ず行きますからね！」とのこと。私も「美味しいぶどうを作って待っていますから、おばあちゃんとおそろいで来てくださいね！」と応じた。しかし、残念ながら再びそのおじいちゃんの声を聞くことはなかった。

きつい農作業のＢＧＭは大好きなブルースを流している。「葡萄園スギヤマ」のぶどうには、苦しみや悲しみ、そして楽しさを統合したBluesの味が、そうブルースの香りがするだろう。

「おじいちゃんやＫ夫人が求めた味」。それが「果物の味」「Taste of Blues」だと思う。

4

作物栽培が教えてくれたメッセージ
弱々しいものほど繁栄する

毎日毎日、毎年毎年ぶどうと接していると、この物言わぬ植物が次第にいとおしくなってきて、ついには何かを私たちに語りかけてくれている錯覚におちいる。

感情移入なのだろうか？　それでもその語りは植物を理解するうえでも重要な示唆だし、我々の生存原理にも関わってくるので、非難を恐れずに感じるままを書いてみよう。

「スギヤマ銀行」総裁としてぶどう畑の格差問題に対処する

春、ぶどうが発芽する季節になる。

ぶどうの世界も人間同様、早起きしてさっさと葉を開き成長をはじめる芽がある一方、なかなか堅い芽を開かないやつもいる。

ぶどう農家にとっては面倒なことで、さっさと朝食を食べて学校へ行く子もいれば、なかなか起きてこない子もいると食事の後片付けもできないし、洗濯もはじめられない。

彼らには機会の平等が与えられているが、結果の平等にはならない。

そこで私は「芽覚まし時計」を用意する。

「芽覚まし」をするお百姓さんは少数派で、する農家も方式はまちまちだ。ぶどうの幹を棒で叩いて回るような乱暴なやつもいるが、私の場合は石灰窒素肥料を二〇キログラム水に浸し、上澄み液一〇〇リットルを背負い動噴でぶどう園の固くつむった芽に散布する。「春だよ、もう起きなさい！」という私からのやさしいメッセージである。

無理に起こさないぶどう園もある。この時期は、もちろん起き上がっても寒くないようにハウスにはビニールを掛けて地温を一二度ぐらい、室温を平均で二〇度近くに上げている。


ぶどうの樹は栄養分を満タンに溶かし込んだ水分をバケツリレーで枝の先へ先へと送って、「朝ごはん」を用意している。

秋、落葉直後に枝を切ると樹液が滴り落ちる。この樹液はまだ濃縮前だし、澱粉もまだ糖に分解されていないので甘くない。真冬の休眠中は枝を切っても樹液は出ない。

しかし春、地温が上昇し、室温が上がって冬眠から覚めたときは枝を切ると樹液が激しく滴り落ちる。まさに生き物が血を流すようで、「もったいないー」「かわいそうー」「ごめんなさいー」といった罪の意識にかられる。

この樹液は冬眠中十分に濃縮されているので、甘い。できの悪いトマトよりも濃い糖度六度ぐらいはある。根元から上へ上へ、枝の先へ先へとバケツリレーで送られてきた養分をたっぷり含んだ水分の圧力で樹体や枝の中が満たされる。

感心なことにというか、人間社会と違うというか、枝の先端の芽に朝ごはんが届けられるその手前にも芽はたくさんあるが、途中でつまみ食いしたり、ピンはねしたり、横流ししたりするやつはいない。必ず枝の先の先、一番先端の芽が最初に膨らみ発芽する。発芽して葉が開きはじめると、その葉はいち早く光合成してその養分も利用して芽の成長を早める。するとこのタイミングで先に発芽した枝は驚くべきことをする。バケツリレーで下から送られた養分の流れを逆にたどって信号を送る。「私が発芽してみんなの養分をまかなってあげるからほかの芽は芽を覚まさなくても良いよー、世の中は私に任せなさい！」と発信する。なんと利己的、身勝手であろうか。

ほかの人たちの助けがあって自分が発芽できたというのに、ほかの人たちの機会は潰そうとする。

自然界は結果の平等よりはるかに露骨に自分だけが生き残ることを考えている。

ビル・ゲイツがマイクロソフトのＯＳ、ウインドウズを使いたい人はワードや表計算のソフトを同時に買わないと、ウインドウズを売ってあげないと脅して一兆円を超える個人資産を築いて、ほかのワードや表計算ソフトメーカーを潰し、一人勝ちしたのと同じだ。

フローとストックを管理する

百姓である私にとっては、どの芽も平等に伸びてぶどうの実をつけてもらわなければならない。

結果の平等が必要なので、**独占禁止法を発令する。**

枝の先端三芽より元に近い芽に、芽の先五ミリの位置に深さ五ミリの切込みを発芽前に入れて「発芽禁止!」という上から戻ってくる信号を芽に伝わらないようにする。これを「芽キズ処理」とよぶ。

それによってなんとか手前の芽を覚ましてあげると、大豆ぐらいに膨らみはじめる。それでも先端の芽はすでに三〇センチぐらいも伸びて葉も四枚ぐらい開いている。下から送られてくる養分と自分で光合成した養分の両方が使える。

金持ちはより金持ちに、貧乏人はより貧乏になる図式そのままである。
しかし、わが家の独禁法違反の罰則は日本のそれより厳しい。

全員死刑である！

先行して発芽した先端一、二芽をすべて切り落とす。「芽欠き」または「頂芽処理」とよぶ作業である。

ここでさらに別の微妙な問題が生じる。それまで先端の葉からの水分の蒸散によって勢いよく養水分を引っ張り上げていた先端の新梢《しんしょう》（今年発芽した枝）を切り落とした途端、ミクロ経済対処の結果、マクロ経済が失速する。

養分の流れが滞った結果、それまで大豆大にまで膨らんだそれ以下の芽が発芽を待たずに成長が滞ってしまう。どうやら多少の不平等はあってもそれが許容範囲なら世の中に活発な養分の流れ、お金の流れは維持しなければならない。百姓が日銀総裁の立場で経済全体の舵取りもしなければならない。そのため先端に多少の不平等を許容した新梢を残し全体の養分の流れを確保することになる。

我々百姓仲間はその枝を養分の「引っ張り枝」とよぶ。マクロ経済のけん引役である。

結果の平等を求めすぎると経済の活性化はできないという、共産主義管理経済の隘路《あいろ》にはまり込む。

農協の「みんな平等主義」は経済活動拡大と両立しないということをわかりやすく、ぶどうが教えてくれる。

先端の葉からの水分の蒸散がつくり出す根からの養水分の流れ（フロー）と樹が蓄積している冬眠用貯蔵養分（ストック）の管理が「葡萄園スギヤマ銀行」総裁としての百姓にとって当面の最重要な仕事になるのだ。

「富」とは見栄のために蓄積するのではない

私の育てるブドウはブラックオリンピアとよばれる。

春、土の中の温度が一二、三度になり、空気の温度が一五、六度くらいまで温まると芽が次第に膨らみ、葉を一枚また一枚と開きはじめる。四枚目の葉の場所には一つ目の花の房をつける。同様に五枚目の葉も二つ目の花の房を伴って開く。六枚目の葉は花を伴わない。それはDNAの設計で決まりごとである。七枚目と八枚目の葉は花か巻きづるをともない、九枚目は葉だけが出てくる。九枚目の葉が開き、あと一週間で花を咲かせようかな―？　と思案するころまでの生活費は昨秋蓄えた富、貯蔵養分でまかなうのが普通である。そしてそのころには昨秋の貯金は底をつく。

「葉が開く」という言葉にも定義が必要だ。

葉は最終的には大人が手を開いたくらいの大きさになるが（育て方により、ウチワ大から赤ちゃんの手の平大までさまざま）、とりあえず一〇円玉の大きさになったとき、「開いた」とよんでよいことにする。蛇足をいえば一〇〇円玉でも五〇〇円玉でも良いが、わが家には一〇円玉が多いのでこれを標準とする。

展葉九枚で昨秋の富の蓄積は使い果たしたから、この先の生活費は自前でまかなわなければならない。

新たに展開した九枚の葉が根から水や養分を吸い上げ、太陽光を集め、炭酸ガスを吸収して光合成をおこない、その後の樹や葉や枝や花の成長を支える。花が咲き受精が完了したあたりから葉によるエネルギー収支が逆転する。それまで消費する一方だった貯蔵養分、さらに光合成で得た養分を自転車操業で食ってきたのが、消費より富の生産のほうが上回りはじめる。第一段階の富の蓄積が可能になる。

すべての富を子、ぶどうの房に蓄積しはじめる。ぶどうはこの地（宮崎県綾町）が永久に生育可能な気候でないことを知っている。だから、誰かに自分の種子を運んでもらわなければならない。できるだけ遠く、できるだけ広い地域に、できるだけ多様な環境の場所に運んでほしい。そして、将来この地が生育に適さなくなって自分が枯れ死しても子孫がどこかで生き残っていてほしい。

誰かに種子を運んでもらうためには報酬を支払わなければならない。そのインセンティブが、たえなる芳香と張りきった実が折り重なる房の美しさと、永遠の生命を育む栄養分、つまり、ぶどうの実である。

通常、私のぶどうは花が咲いて少し経つと、枝や葉の成長は止まる。

養分生産が消費を上回るようになっても、自分の勢力拡大や自分の樹勢を強めるために使ったりしない。ひたすら種子を拡散してくれる誰かへのインセンティブ生産（ぶどうの実）にその余力のすべてを投入する。

自分が何も与えなくても国や行政や親は自分に何かを与えるべきだというような、アダルトチルドレン的な甘えはぶどうの世界にはない。

花が咲き、受精し、ビーズ玉ぐらいだったぶどうの一粒一粒が次第に大きくなり、五グラム→一〇グラム→一五グラムと肥大するころから果汁の糖度が四度→八度→一二度と甘くなり続け、そのころから表皮も緑→赤→黒へと変色し、表皮の上には蠟の粉（ブルーム）が白く浮き出るようになる。

そして、七月末ごろ玉の重さ二〇グラム、房の重さ六〇〇グラム、表皮が黒々と張って糖度二〇度を超えるぶどうが実る。ここで前述のインセンティブ生産の仕事は一段落する。桃やスモモならこの時点で熟した実は樹を離れ地上に落下する。種も大きすぎて我々には丸呑みはできない。「ストーンフルーツ」とよばれるゆえんだ。地上を徘徊する誰かにそのインセンティブを提供することを想定しているのだろう。

が、ぶどうは熟しても樹から落ちない。誰もとらなければ冬樹上でレーズンになるまでなっている。ぶどうの樹はインセンティブの受け手として野鳥、たぶん渡り鳥を想定しているからである。事実ぶどうは環境適応性の幅が広い。四月一日から一〇月三一日のぶどう生育期の一〇度を超える積算温度（成長するまでの期間×平均温度）がわずか一七九〇のドイツから五二〇〇もあるアルジェリアまでぶどうは栽培されている。

さて、ぶどうの房作りが終わった八月末、樹は糖の生産余力をどうするか？

もちろん人間のように豪邸や高級車購入など見栄っ張りのためには使われない。自分の樹の成長はさらにさておいて、ぶどうの房の次には根や樹の幹や枝の中に糖の蓄積をはじめる。ぶどうも桃も落葉樹である。ということは熊と同じく冬は冬眠する。冬眠が深くて適正な養分蓄積があれば春の目覚めが爽やかで発芽が良くそろう。目覚めた後の活動資金を秋の間に蓄えなければならない。それもなるべくたくさん。葉という葉、枝という枝がみんなそろって自分の成長を棚上げして来年の芽のためにせっせと養分の蓄積に励む。

もちろんここにも人間社会と同様に「逸脱者」はいる。みんなが来年のためにせっせと仕事をしているときに自分だけ芽を伸ばし、葉を広げ、つるを伸ばしてわが世の秋を謳歌して他人が蓄えた養分を浪費し、勢力拡張に励む枝も時々現れる。人間社会と同じである。しかしそのような秋伸びの枝にはいずれ天罰が待っている。それも人間社会と同じである。

秋、最低気温が一〇度を下回るようになると葉は着色して糖の生産を停止しその約七カ月の生涯を閉じる。自分が糖の生産ができなくなれば、枝にしがみついていると富の消耗になる。自ら葉柄と枝の接続部を切断して初冬の風の中へとダイブするのだ。

栄養不足で小さいことがプラスに

ぶどうには二倍体、三倍体、四倍体の品種がある。ちなみに人間は二倍体（二×二三＝四六。両親からそれぞれ二三個ずつの染色体を受け継ぐ）である。

その四倍体のぶどうはぶどう作りの中では比較的技術的なハードルが高い。とくに私の栽培手法のように「味優先ゆえの種ありぶどう」作りにとっては、花が咲いたときにいかに正常な受精をしてもらうかがきわめて重要になる。

受精とは種をつくること、すなわち種の保存行為だ。とくに四倍体のぶどうは受精させるのがむずかしい。もっとも、抗生物質やホルモン剤を多用する普通のぶどう作りは念頭にない。あくまでもぶどうという植物の生理的な特性だけを引き出して栽培しようとする手法についてだ。

一般的に昨秋落葉した枝の先端や枝の断面の上面から出てくる芽は勢いがいい。芽の先端が太くて、蛇が鎌首を持ち上げたように上に向かい、花の房も大きくて立派で、巻きづる（人でいえば手で、物につかまって自分を支え上に上ったり、自分を支えたりする役目）が芽の先端を追い越すように伸びてくる。

このような枝につく花はいくら咲いても受精はしない。一つの花房に二〇〇も花が咲いても受精は二〜三粒で、後はすべて落果してしまい、実は残らない。

要するに、ぶどうの世界では一見元気で突出して目立つヒーロー的な枝には自分の生命は託さないのだ。

一方、枝の元のほうや下から出る芽は細くて弱々しく、つぼみの色も緑が薄く、巻きづるもほとんど出ない。このように弱々しい枝につく花は受精率がきわめて高い。

この現象は花の立場で考えてみると、よくわかる。

栄養もおこづかいもたっぷりで自身の生存に何の不安もない花は子孫を残す努力をまったくしない。が一方、栄養不足で自分の生存すら危ういと花が思えば、一生懸命受精に励み種をつくるのだ。

この現象は私には人間社会が豊かになるほど出生率が低下し、食うや食わずの途上国ほど子だくさんという状況と重なって見える。

ぶどうが受精する環境（繁栄にとってプラス）	人間の種が絶滅する環境（繁栄にとってマイナス）
肥料切れにする	食い物がたっぷりある
水をぎりぎりまで与えない	お金がたくさんあり、おこづかいもたっぷり

弱剪定で芽の数が多い	少子化で子供一人当たりに大金をつぎ込む
細くて弱々しい枝を使う	成金趣味で生活を贅沢にする
芽を欠いて成長を阻害する	子供を過保護に注意深くケアーして守る
枝をねじって養分の流れを阻害	お金の流れを太くする
栄養不足で葉を小さくする	大きな家に住み見栄を張る

人はＤＮＡのキャリアー（乗り物）に過ぎないという論がある。

確かにこのように見てくるとＤＮＡの継承が危なくなるほど、それを保存しようとする生命原理が働くことが明らかになる。

いまの日本における子育てや、人の生き方はこのぶどうの生理に照らせば何かが根本的に間違っているように見える。

いやこの示唆は「人間」の生殖能力だけでなく国家の生存原理にも通底してくる問題に見える。もっとも、もはや国家などという枠組みも無意味になりつつあるが。ぶどうがそのことに警鐘を鳴らしてくれているかに見えるのだ。

彼らが死の苦しみに耐えて必死に受精して種子をつくる、がその種子は親の形質を保存していない。

というのは、我々が育てているのはＦ１（一代雑種）だったり、突然変異したりしたぶどうだからである。部分は全体の設計図を保存するというＤＮＡの特性を利用して我々はこれら四倍体のぶどうを、種子を経ないで増殖しているからである。

ではなぜ彼らに死の苦しみを強いて種子をつくらせるのか？

それは種子だけにしかつくり出せない芳香や香味、植物成長ホルモンなどなど芳香族高分子有機体を産生させて、見掛けが立派で香り、味の優れた美味しいぶどうをつくらせるためである。

その種子は決して発芽させ種を引き継がせることはない。

こう見てくると、この世で一番の悪は、純粋無垢のぶどうを騙す輩、やはり人間だという結論に立ち戻る。

枯れるものは枯れる無情な世界から見えてくる「生き残るべきもの」

わが家の経済活動のかなめであるぶどう、桃、スモモ、柿などの落葉果樹は、いずれも晩秋から落葉して休眠する。冬眠中、より深く眠ってもらうためには、ぶどうの場合で七度以下八〇〇時間以上が必要だと考えられている。この間に落葉樹の枝の一部は枯れる。この冬眠中の「枯れ込み」は生理的にはきわめて大切な一工程だ。たぶん、この「枯れる」という現象を重要な「工程」と考えるお百姓さんはあまりいないかもしれないが。

北海道ならマイナス二〇度以下にもなろうし、ここ宮崎県でもマイナス五度ぐらいはありえる。もし枝が凍ったらその枝は枯れる。しかし、実際には凍らない、というか凍らないようにぶどうの樹が対策を講じているのだ。

秋、ぶどうの葉は紅葉して落ちる。そして、冬が近づいて朝晩の冷え込みが深まるにつれ、ぶどうの枝は自らの一部を枯らして水分を蒸発させ、養分を含んだ樹液を濃縮して根元へと戻す。枝の先が枯れる量に比例して残った枝の中の樹液の濃度が増す。樹がもし今年はもっともっと寒くなると思えば、もっともっと枝を枯らして残った樹体内溶液の濃度を高める。水は〇・一メガパスカルでは〇度で凍る。だいぶ昔のことでよく覚えていないが、確か小学校で習った。いやそのころはメガパスカルという単位はなかった。一気圧と言った。そして、その水に塩でも砂糖でも溶かすと凍る温度が下がる。凝固点降下とよばれるやつだ。

そのようにして自分の枝を枯らして樹液濃縮することにより、ぶどうの樹は寒さに耐える条件をつくり出している。

じつはこの「枯れ込み」の工程はもう一つの調節もしている。

もし、その樹からすべての葉が落ちた時点で翌年の芽が一〇〇〇あったとしよう。別の言い方をすればその樹から一〇〇〇枚の葉が散ったということだが、落葉時点の根、幹、枝の中で蓄えている栄養分の総量では来春それぞれの芽を花が咲くまで育てられない、五〇〇芽が精一杯だと思ったとしよう。すると樹は枝を枯らして枝と一緒に五〇〇の芽も枯らす。つまり、「貧乏人の子だくさん」は自分の扶養能力に合わせて自動的に間引きをするのである。

わが葡萄園スギヤマでは過去一六年間で「枯れ込み」の程度は多い年で平均九五％、少ない年で一〇％ぐらいでかなりの幅があった。もちろん平均で議論しなければ一〇〇％、根まで枯れることもある。当園では冬の剪定は原則として枯れ枝を落とすだけである。岡山の標準的指導書に比べて一芽当たりに残す来年のための貯蔵養分はおよそ二〇分の一ときわめて少ない。しかし、私は樹が最適と判断した自動調節結果のほうを信用している。

ここまでが本パートの前置きだ。疲れたー。

これでやっと主題、「生き残るべきもの」に取りかかれる。

就農当初は枝が枯れるとき、通常はどの枝も等しく先端から同じ割合で枯れると思っていた。しかし、よく観察するとぶどうの世界では人間社会のような**「結果の平等」**や**「痛み分けの論理」はなかった**。枯れる枝は先端から枝の根元まで全部枯れてしまうのに、生き残っている枝はまったく無傷で残る。全能の誰かがいま置かれている状況・環境の下ではどの枝を枯らし、どの枝は生き残らせるかをはじめから決めているように見える。なぜなら、枯れるという現象は毎日数ミリずつ進んで、結局二メートルも三メートルもある枝が全部枯れるのに、生き残る枝は「枯れ込み」のスタートすらしないからだ。

はじめから「枯れ込み」のスイッチが入る枝とそうでない枝があるらしい。スイッチが入ると自分とその枝についていた芽は枯れて持っていた養分を濃縮しながら生き残る枝に手渡し、発芽のチャンスも養分と一緒にほかの芽に与えている。ここでは樹を生き残らせるためには何が必要かを冷酷に判断した優先順位の待ち行列があって、環境条件に応じて誰かがスイッチを入れている。

ここでは「みんなが少しずつ」や「平等に」などというあいまいな論理はない。注意深く観察すると「死すべき」、あるいは「生き残るべき」枝の条件が少しだけ見える。人間社会の論理と比較すると面白い。

死すべき枝の優先順位をあげてみよう。

❶ほかの枝が越冬用の養分生産に努力していたとき、わが世の秋を謳歌して自分だけ養分を浪費して成長した、秋伸びの枝
❷開花が終わり受精した後に伸びた枝
❸枝が分岐するとき、枝分かれせずに、真っ直ぐ伸びた直系の枝
❹開花以前に葉を開いた枝（葉の根元の芽を十分充実させている）

もっと細かくも分類できるが、「来年の芽を花が咲く前から育てた枝」が生き残る資質を最も備えて、生き残るべき候補として認知されていることがわかる。

驚くべきはすくすくと真っ直ぐ伸びた枝よりも、横道にそれて分かれた枝が常に優勢になり、真っ直ぐ伸びたもともとの直系の枝が常に退化することである。

ここでも人間社会の長子優先、直系優先が危うい生理的仕組みを包含しているのをぶどうは示唆しているかに見える。

価値観の変化を認識すべし！

私が農業を営む綾町の錦原《にしきばる》とよばれる台地では、体感的には二五〇〇ミリぐらいの年間降水量がある。農業をするには、とくに果樹栽培には降水量が多すぎる。

九州の高温・多湿・多雨では作物の上をビニールなどで覆って、少なくとも一年のうちの一時期雨が作物に当たらないように配慮しないと、ぶどうなどを栽培するのは困難だ。ここでは砂漠化を心配する農民は皆無で、むしろ過剰な水を心配している。

先にも書いたが、農産物を栽培して食糧を供給するという営みを見たとき、一六世紀から一九世紀は「面積当たりの収穫量をいかに大きくするか」が大切だった。

二〇世紀は商工業の発達で労働力が不足し、その八〇％以上を保有していた農業分野から出させて補った。いまでは農業人口は五％まで低下した。その間、農業分野の価値観は「労働一時間当たりいかに多量の米がつくれるか」に変わった。

知らぬ間に世界はさらに移って二一世紀に入り、農業の世界の価値は第三の段階「**トン当たりの水で**いかに多量の農産物を生み出せるか」が「面積当たり」よりも「時間当たり」よりもさらに重要になりつつある。

アメリカの農地の砂漠化、中国の農地の干害はそれら農地での地下水位の低下を引き起こし、**食料の奪い合いが引き起こす戦争**を間近に予感させるまでになっている。

日本はたまたま立地が大陸と大洋の境目に位置し潤沢な水を天から得ている。にもかかわらず、水が枯渇しかかっているアメリアや中国に降った雨や地下水を食料という形で大量に輸入している。人口一億人を超える先進国で自給率が七五%を下回る世界で唯一の国、日本。自給率はなんと二〇%である。為政者は国民の目を曇らせるために一〇〇%アメリカ産の穀類で飼育された畜産物を国産と数えて自給率四〇%と説明している。

さらにいままた総額基準の自給率を提起して自らの責任回避を画策している。

「農」というスモールビジネスの革命が必要だ!

うっかりミスを「想定内」に

四〇年ぐらい前、電話局用交換機の部品開発に携わった。

当時、交換機が故障して通信が止まる確率は一年三六五日中三〇分以内と決められ、フィットという単位でよばれる故障率が与えられた。

私が開発する部品にもそのフィットが割り振られ、交換局を構成する何千何万部品のフィットをすべて足し合わせると交換局の故障する割合がわかるという仕組みだった。

おそらくジャンボジェット機が落ちる確率も、原子力発電所が爆発する確率もそのように設計されている。人はいかに注意深く行動しても間違いを犯す。機械はいかに思慮深く設計しても故障する。

ぶどうの栽培では、太陽の熱をビニールハウスの内に溜めて生育促進する。

ハウスの換気口を開放しておけば生育が遅れ、販売時期を逸する。閉めておけば温度が上がりすぎてぶどう樹が枯れ死し、生活の糧を失う。そこで細心の注意を払ってビニールハウスの開閉をおこない、温度管理する。

しかし、うっかりミスすることは「想定内」だから安全策として温度警報機を設置した。

温度が上がりすぎると周囲に音で知らせると同時に近くの電話を取り、二つの内線番号に順次電話をして自動通報する。この警報機が故障して機能しなくなる場合も「想定内」だから、さらに温度警報システムを設置した。こちらの警報は内線電話網を使わない。原始的にただただひたすら大音響で知らせる。

この二重の安全策でハウスの温度が暴走してぶどうが収穫できない事態は一〇〇年に一度ぐらいに下がった。ただこれは確率の議論だからその一〇〇年に一度は一〇〇年後かもしれないし、明日かもしれない。それがこよなくも悩ましい点である。ジャンボジェット機も原子力発電所も確率は違えど同じ原理で成り立っている。

私の圃場の西、鹿児島県に川内原子力発電所がある。私はそれが怖い。

ロシアで爆発したチェルノブイリ原発の被害は風下に広がっていた。私はささやかな自己主張のために昨年太陽光発電パネルを設置した。すでに炭素一〇〇〇キログラム分の温暖化防止に貢献した。みんなが同様の行動に出れば電力会社も原発を停止するだろう。私は二〇年計画でエネルギーの完全自給を達成するつもりだ。仮に私の想定余命がそれより短くても。

ディープ・エコロジーへ

デカルトは「我思う故に我あり」とすべての論理的証明の出発点に立った。環境の世紀にあって「我生きる故に環境破壊あり」だと思う。どんな生き方をしようとも自分の存在そのものが環境破壊の原点だからだ。

しかし、自分の存在を否定すると思考停止におちいり、デカルトと共存できない。そこでやむなく自分の存在は認め、**どんな生き方をするか**に問題の「矮小化」を図る。

たとえば、チッパーで剪定枝を土に返すというアイデアもチッパーを製造する段階で消費したエネルギーや動かすガソリンによる環境破壊は考えてない。

前出のソーラー・パネルもその設備の耐用年数の間に節約する炭素は、それを製造、設置、運用、保守するために消費する炭素を上回るという保証はない。

それでも**次世代（子どもや孫たち）により快適な地球を引き渡したい**と切望する思いは現状を容認できない。

三〇年近くサラリーマン生活をして百姓になり、コスト削減・合理化・改革改善などに取り組んだ結果、会得した普遍的な考え方がある。

紙代を一〇％削減したいと思えば、余分に印刷しない、ムダな文章は読み捨て印刷しない、で達成できる。二〇％削減したければ、紙の質を少し落とし、購入ルートを変える。三〇％削減は両面印刷や圧縮印刷で可能になる。これらはいずれも現状システムの延長線上でしか考えていない。

もし九〇％コスト削減や九九％削減が必要になったら、現状のシステムの外に答えを探さなければならない。いわゆる**「ゼロベース・マネージメント」**である。驚くべきことにしばしば三〇％削減より九〇％削減が容易であったりするのである。

環境の世紀、みんな「リサイクル」や「リユース」さらに「ゴミ・ゼロ」に真剣に取り組んでいる。しかし、現在考えられている対策はむしろ環境問題の抜本的解決を困難にしているともいわれる。システムの延長線上でしか考えていないからである。現行の環境対応システムはそのように主張する人たちからは「シャロー・エコロジー」とよばれ、長期的に持続可能な社会、我々が子孫に引き渡すべき仕組み「ディープ・エコロジー」と異なる基盤に立脚すると考えている。

いまと異なる「満足に裏打ちされた」新たな経済システムを「ゼロベース」で模索開始するときだ！

これからは「きれい比較」がすべての基準

昔の学校の教科書は、日本には電話が何台、国民一人当たり車は何台、国民総生産は世界第何位という比較情報であふれていた。

結果として私たちは物質やエネルギーの消費量が多いほど立派な人、社会、国だと信じた。

しかし、どうがんばっても一度に一〇〇杯のご飯は食べられず、同時に一〇〇着の服は着られない。車も一度に五台運転することはできない。

必然的に不要なものを大量に取得してムダに捨てることで、その目標をムリやり目指している。

それが大量生産・大量消費・大量廃棄社会である。

個人でもお金をたくさん持っている人が偉くて、貧乏人は惨めだと決めつけ、終わりのない競争社会をたどった。

現在の「物・金崇拝」「物量比較優位崇拝」の枠組みはすでに誤りだと大方の人々は心では知っている。

しかし、いまだテレビも新聞も教科書もその価値観から抜け出せない。

報道は常に「何パーセント成長」「昨年実績を上回る」「景気上昇インフレ誘導」など古典的な価値観を押し付ける。

では我々はそこからいったいどこへ向かって動き出さなければならないのだろうか？

私は宮崎県綾町で百姓をしている。

目を開いてそこにあるものを見回してみた。

そこは、

　空気がきれい

　水がきれい

青空がきれい
星空がきれい
景色がきれい
（人の）生き方がきれい
（人の）心がきれい、であふれていた。

全国の首長は二〇世紀の誤った「経済比較優位信仰」でみんながみんなミニ東京を目指した。

気がついてみると私のいる宮崎県は周回遅れのビリにいた。

が、もし我々が二一世紀の新しい価値、「きれい比較優位」に目標を定めなおしてビジネス&ライフスタイルの舵を切れば、**東京は周回遅れのビリ**で、宮崎はダントツのトップに躍り出る。

みんなで新しい二一世紀の目標「きれい比較優位」を目指そうではないか。

最後に
輪廻転生の発想で

万物は流転する。輪廻転生《りんねてんせい》は仏教の根源的思想である。

動物も植物も大地から発し、生きて花を咲かせ死して土に還る。

そのかばねを栄養分として再び芽を出してDNAを子孫に引き継いでゆく。

何億年もの昔から、森で海で、そして土で、その営みは続けられてきた。

その循環サイクルの一部を切り出したのが「農林業」である。

私のような従事者はその循環サイクルというお釈迦様の手の平でただただ堂々巡りしてもがいているに過ぎない。


前著『農で起業する！』の刊行後、読者から二五〇〇通のメールが来て、訪問者も二五〇名を数えたことは先にも書いた。

サラリーマン冬の時代、「就農」したいとの声が多い。

彼らは農業に「就職」したいとは言わない。

一番うれしかった読者の声は「老父母が故郷で農業をしている。いままで『そんな金にもならないこと、やめておけ』と言っていたが、本を読んで農業に夢があることを知った。私が帰って親を助け、その夢を実現する」であった。
彼らはここでも「起業する！」とは言わない。「帰農する」と言う。
「就農したい」も「帰農する」も「輪廻の思想」大地に還るに由来していると思う。

あとがき　妻への手紙「小さな生活」

自分は年を取っていずれは死ぬ。

そのとき、妻は一人残されて困るだろうなー。俺なら若い娘《こ》と再婚して楽しくやれる。が、妻にはそんな甲斐性はないだろうなーと思ったとき、いま自分がしておいてあげられることを考えた。

少ない収入でも生きられる環境である。

①固定資産税など、固定費の極力小さい生活環境をつくり上げる。
②変動費もなるべく低い水準で維持できる仕組みを実現する。
③上記①、②のために文化的な生活水準は極端には下げない。

この方向付けは地球環境にやさしいライフスタイルを追求する方向と一致するし、自分が生きている間の農業経営も楽になる方向なので好ましいと考えた。

一〇年以上前のことである。以来、何か意思決定を要するときの手がかりとして、①〜③を配慮する習慣がついた。最近それを加速するために、もう一つの目安を追加した。

「長期的に固定費や変動費を下げるためなら新たな投資を考える際、その投資が得になるか損になるかの境目「損益分岐点」の2倍まで投資してもよい」

と決めたのだ。それら改善の例をいくつかあげてみよう。

①ぶどう直売所ハウスに以前、電気は動力線と電灯の二回線を契約していた。家と合わせて三契約になる。家の庭をよぎり、道路をまたぎ、一〇〇メートル以上電線を敷設して電気は基本料金の一契約にした。
②穀類の貯蔵に冷蔵庫を回していたが、地下室を建設して運用費ゼロの貯蔵にした。
③家と農場および周辺五〇〇メートル以内の全施設を内線電話網で結び、コミュニケー

ションによる生産性をあげ、一方、外線発信はすべてＩＰ電話を電話交換機が優先選択するように設定して電話料金を劇的に下げた。わが家は夫婦二人とも携帯電話は持たない。携帯の個人間通信に代えて電子メールで対応している。旅行中でもメールと留守録はチェックしている。夫婦二人のメール・電話料金は全部で五〇〇〇円で足りる。

④太陽光発電はもちろん設置した。電気代はいま通年でプラスマイナスゼロになった。

しかしまだ、お風呂と台所のガス・給湯と暖房と車がある。が、長期的にはそれらすべてを自然エネルギーに切り替えて自給を目指すつもりだ。

まだまだやるべきことは残されている。

農業はやりがいのある仕事である。

知っておいて損はないカタカナ用語解説（著者流の解釈）

インセンティブ

いわゆる「ご褒美」で、誰しもこれがあるからがんばれる。それを目標達成の誘引力としてしっかり位置づけた経営がなければ、どのような目標も達成できない。我々もぶどうに袋掛けするとき、二〇メートル先の棚にジュースをぶら下げておき、あそこまで行ったら飲もうと思ってがんばる。または桃の袋掛けで、この樹が終わったら早上がりして宮崎に行って気晴らしをしようなどと自分に新しいエネルギーを注入する。

ジェネラリスト

いろいろな技術や分野を統合的に管理制御できる能力を持った人。これからのスモールビジネスにおいては、高度な技術や専門性をとりまとめて管理&判断できる総合管理者としてのジェネラリストが要求される。

シミュレーション

実際にやってみて失敗すると損害が大きい場合、コンピューターや紙の上で試しに演習してみて、実際におこなっても大丈夫かどうか確かめる作業。ジャンボジェットのパイロットの養成や自動車の運転講習の初期におこなったりする。TVゲームも多分にシミュレーターと言える。

スペシャリティー

専門性の高い品質、技術、ノウハウなどのこと。

欲求が多様化している現代は、より専門性の高い能力や経営が求められる。どこにでもあるものをどこにでもある品質で提供するという他力本願の経営では価格競争や納期競争など不毛の競合にさらされる。価格競争に巻き込まれない利益率の高い経営をめざすのが、これからの、どんなに小さな経営体であっても、ビジネスモデルの有り様でしょう。そのような専門性の高い能力を持った人を、スペシャリストという。

ゼロベース・マネージメント

もともとは予算を組むときに前年実績を元にしてそれより何%アップか何%カットかという従来の手法を、前年実績○%と考えて、一から必要か否か、どれだけ必要かを考える手法。

私はこの考えが好きで、過去にどんな手法があったか、習慣ではどんな対処法が常識であったかという、「従来」が「将来」を拘束している考え方の枠組みを外して考えるときにも援用している。私がもっとも日本的で忌み嫌った手法は計画を「もうここまで進んでしまったから、すでに不要または悪だとわかっていても、進める」という観念。役所の計画に多い。

データ・ベース

数値や文字情報の塊。その塊の中から意味のある情報を検索して選び出して処理し、新しい判断と決定、行動に役立てるために用いる。一般的には、情報蓄積能力に優れたコンピューターに蓄積された情報のこと。農業などの経営の意思決定には不可欠の資産でもある。

ナレッジ・ベース

データ・ベースのデータを知識やノウハウで置き換えた記述式の情報の塊。今後の農業は（産業全般と言ってもよいが）、データの塊から有用情報を引き出すという手法は当然消化を終わって、ノウハウの塊から次の戦略や戦術を引き出すという、より上位の情報戦略が生き残りを制する時代に突入しているので、そのような指向の戦略が求められる。

VA、VE、TQC

バリュー・アナリシス、バリュー・エンジニアリング、トータル・クオリティー・コントロールの略で、いずれも物事の本質を解析してビジネスをより正しい手法に軌道修正する管理技術。本書でもこんな小難しい表現を使わなければ、より正しい物書きの手法だったかもしれない。

PDCAサイクル

経営学の手法でP（計画）、D（実行）、C（検証）、A（見直し）を順にぐるぐる回しながら改善を進める常套の手法。別に経営学でなくても、どんな改善や新しい取り組みも一発必中ということはありえないのでこのような繰り返しで改良が進むのが自然。

フィードバック制御

もともとは電気回路で信号の大きさを調節する手法に使われた言葉。出口の信号を一部引っくり返して入口に戻してやることで大きすぎるときは小さくなるように、小さすぎるときは大きくなるように働きかける。転じて経営では、入口（作業）と出口（結果）間の途中の管理状態を、最適になるように入口（作業）を変更していく重要な方法論として重用している。

プロダクト・ミックス

提供する製品やサービスの組み合わせ。一般的に一つしか製品を持っていないと、お客さまの要求のほんの一部しか満たさないので競争要因は価格や納期、品質など訴える力が弱く、価格がずるずると引き下げられる要因になる。プロダクト・ミックスは非価格競争力の一つで重要。とくにお客さまに足を運んでもらう場合には必須の項目。

プロパガンダ

「これは良いよ、効果があるよ」などという宣伝。私が使う場合は実際以上の効果を誇張して詐欺まがいの効能をうたうような過度の宣伝で、巻き込まれないように注意すべき例の場合に限って用いる。農業分野の「ワラワラ詐欺」（前著『農で起業する！』参照）などがその典型で、過度に注意を払っても払いすぎることはない。

マーケティング

消費者にどのような製品または製品群を提供する

とより受け入れられるかを総合的に探求して取り組む活動。とくにＰＲ（パブリック・リレーションズ、お客様との交流を通して方向を探る活動）や、Face to Face（お客様と面と向かって意思疎通を図る行為）を重要視している。従来の日本の農業でもっとも立ち遅れていた分野で、これなしに今後の農業経営はどのような小さな規模でも語れないという信念を持っている。

リピート・ビジネス

農産物の販売に限らず、一般に新しいお客さまを開拓するエネルギーはすでにお客さまになってくださっている方にもう一度買っていただく場合の何倍かの壁があることが知られている。だから新しいお客様を発掘するよりも、もう一度もう一度と買ってもらえるように努力するのが自然で効率的。そのような事業の形態をこうよぶ。ただし、結婚詐欺のような悪徳事業は利益率が大きいので、通常リピートはない。サラ金は習慣性（リピート）があるので顧客リストが商品になっているらしい……。

巻末付録

果樹園経営ConsoliPack
～栽培技術から経営管理までの完全マニュアル

スモールビジネスにおいては、小さいがゆえに多少の「ムリ」「ムダ」「ムラ」があってもなんとかなってしまう。しかし、ちょっとした「ムリ」「ムダ」「ムラ」が、じわじわと経営を侵食し、気づいたときには手遅れ、失敗でしたということになりかねない。

成功へ導くためには、自分たちの仕事内容を明確にし、各要素の「ムリ」「ムダ」「ムラ」を常に検証しなくてはならない。

私は、年間の作業やデータをエクセル表上に常駐させて1年間それに従って作業していれば、年末の青色申告までのすべての作業を取りこぼしなくできるようにマニュアル化している。

農業経営（ここでは主に果樹園経営を意味する）の「栽培技術から経営管理までの完全マニュアル」である。とくに自分が加齢により物忘れしやすくなっているので、それを補う上でも重要になってきた（笑）。

パソコンで毎年上書きしながらだんだん作り上げてきた表で、ファイル名に年度を入れ、翌年は新年度のファイル名でコピーして、同じマニュアルを改善しながら使用していくという、ものぐさ経営である。

大きさは写真や音声などを含まないで、テキストと数式それに書式、グラフなどのみで2メガバイトになる。

下記にその一覧を掲載する。上級者向けの内容だが、栽培技術から経営管理までの流れを見えやすくしてくれると思う。

A～Lの12ジャンル、80ページにおよぶConsoli Packの表の見出し部分

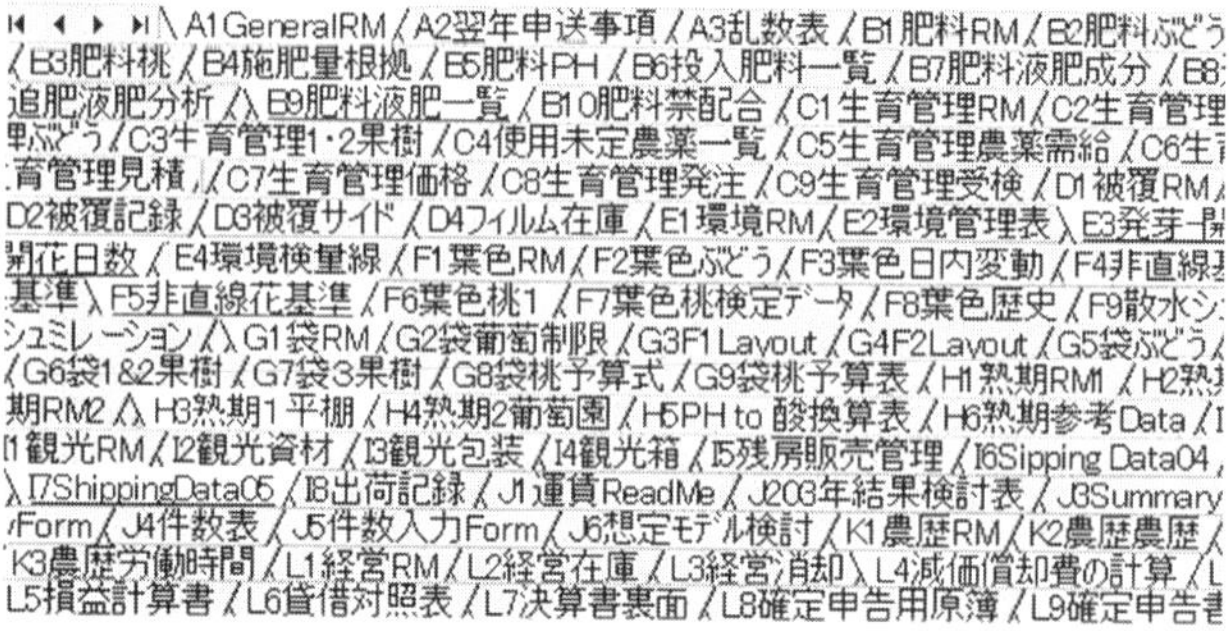

各データの解説

＊Read Me（RM）とは「読んでおくべき説明書」のこと。

A　General Read Me など

1. A 1 GeneralReadMe：このエクセルパッケージ全体の構成を説明している。
2. A 2 翌年申送事項：毎年その 1 年をこの表に従って作業した結果、改善すべき点など気のついたことのメモ帳。
3. A 3 乱数表：圃場データや作物データなどを統計処理するときに必要な乱数表。

B　肥料研究と施肥技術

1. B1肥料 Read Me：全体の構成と使用法の説明。
2. B2肥料ぶどう：ぶどうの肥料設計特にその年度の配慮、生育状況及び予算対応、土づくりなどを織り込む。
3. B3肥料桃：同上。とくに新定植など育成中の圃場に対する配慮が盛り込まれる。
4. B4施肥量根拠：前 2 表の施肥量の根拠をあげた。
5. B5肥料ＰＨ：各圃場の該年度におけるＰＨの実測値及び過去の記録を盛り込み、肥料設計の配慮を向上する。
6. B6投入肥料一覧：該年度における肥料購入計画と実績、元肥追肥

の分類など購入から施肥までを記録。

7. B7肥料液肥成分：果樹の施肥では使用することはまずないが、町の液肥は無料で使いやすいので、成分を更新して掲載しておく。
8. B8追肥液肥分析：葉色測定による追肥に使用する液肥の成分価格など検討表。
9. B9肥料液肥一覧：春肥を除くPと葉色に基づくNの追肥肥料名と時期等の一覧表を提示した。
10. B10肥料禁配合：配合禁止肥料情報を参考掲載して、肥料設計での配慮を助ける。

C 年間防除暦など生育管理研究と追肥他の管理

1. C1生育管理Read Me： 全体の構成と使用法の説明。
2. C2生育管理ぶどう：ぶどうの防除歴を中心に更新された催芽処理などを含め追肥体系などによって構成。
3. C3生育管理1・2果樹：第1果樹園、第2果樹園に適応される防除、追肥他の生育管理項目を網羅。
4. C4使用未定農薬一覧：デッドストックをなくし農薬の効率の良い、かつムダのない使用を促すため、使用未定農薬を掲載。
5. C5生育管理農薬需給：前3表から算出した農薬の総需要と在庫を参照し、購入管理に供する。作業時のFirst In First Outの管理にも必須。
6. C6生育管理見積：前表受給を元に見積合わせ用の表を用意する。
7. C7生育管理価格：見積合わせの結果入手した価格を分析して発注元資料をつくる。
8. C8生育管理発注：価格分析の結果に基づいて、マルチベンダーに本表の部分印刷形式でE-MAILまたはFAX経由で発注する。
9. C9生育管理受検：納入農薬の受け入れ検査を実施した結果を記述記録する。

D 被覆資材研究と運用管理

1. D1被覆Read Me： ビニール掛けに関する表の構成と使用法の説明。
2. D2被覆記録：第1ぶどう園、第2ぶどう園に使用する被覆資材

の種類、使用歴を記述。

3. D3被覆サイド：サイドビニールの使用に関する情報、使用歴を記述。

4. D4フィルム在庫：来年度の購入計画などのためさらに途中での破れや交換の用に供するための在庫表。

E 環境研究と運用管理

1. E１環境Read Me：構成と使用法の説明。

2. E２環境管理表：ぶどうにおける環境管理基準を定義した。その制御が可能か否かは議論していない。項目は温度、湿度、土中水分、地温、自動開閉設定条件である。

3. E３発芽～開花日数：発芽日から開花までの日数を分析している。

4. E４環境検量線：第１ぶどう園には遠隔温度計３点と遠隔警報センサー１点が設置されているので、そのセンサーの検量線、制御限界、絶対最大定格が示される。

F 葉色研究と運用管理

1. F1葉色Read Me：構成と使用法の説明。

2. F2葉色ぶどう：ぶどうの葉色を測定する時期とそれに基づく追肥量の計算式を組み込んである。新たに開花日を基準にした算出システムを構築した。開花日はＤＡＤモニター表から参照する。

3. F3葉色日内変動：葉色の測定時間が結果に及ぼす影響を、主題の方法で測定した。

4. F4非直線基準：葉色が経時変化することを見込んだ目標設定基準の研究をおこなった。

5. F5葉色非直線花基準：開花日を基準とした葉色の経時変化基底値の検討。

6. F6葉色桃1：桃の葉色計算表。

7. F7桃の葉色基準値の検討データ。

8. F8葉色歴史：葉色のヒストリー・データが提供される。

9. F9散水シュミレーション：追肥の際の散水と肥料濃度の検討データが提供される。

G　着果管理研究と運用

1. G1袋Read Me：構成と使用法の説明。
2. G2袋葡萄制限：ぶどうの着果制限基準と最終段階の制限に至る過程の制限値を定義している。
3. G3F1Layout：第１ぶどう園品種と樹の配置図。
4. G4F2Layout：第2ぶどう園の品種樹の配置図。
5. G5袋ぶどう：ぶどうの袋掛け数など管理表。
6. G6袋1＆2果樹：第１、第2果樹園の袋賭け数管理表。
7. G7袋3果樹：第３果樹園のデータ。
8. G8袋桃予算表：桃の樹毎の袋掛け予算式を作成。
9. G9袋桃予算表：桃の樹毎の袋掛け予算一覧表。

H　熟期予測研究と活用

1. H1熟期 Read Me１：構成と使用法の説明。
2. H2熟期 Read Me２：Read Me1の補足と本プログラムを保守する際に必要になると思われる設計情報を記述。
3. H3熟期１平棚：第１ぶどう園平棚における熟期予測と糖度／酸／糖酸比などのデータ。
4. H4熟期2葡萄園：第２ぶどう園の熟期の計算。
5. H5PHto酸換算表：ＰＨによる酸測定方式に従ったＰＨと酸の換算表。
6. H6熟期参考Data：友人のぶどう園などの参考データ。

Ｉ　観光農園開園準備と運用管理

1. Ｉ1観光 Read Me：表の構成と目的。
2. Ｉ2観光資材：観光農園開園に向けた必要資材一覧と在庫状況、その差の注文対象数、発注仕様、発注先、予算単価などを網羅。
3. I3観光包装：包装資材の発注管理表。
4. I4観光箱：地方発送箱の発注管理表。
5. I5残房販売管理：閉園真際の残房数管理表。
6. I6SippingData04：2004年の出荷記録。
7. I7ShippingData05：2005年地方発送の出荷記録。
8. I8出荷記録：2005年度全出荷記録。

J　地方発送運賃の検討

1. Ｊ1運賃ReadMe：表の構成と目的。
2. Ｊ203年結果検討表：2003年の地方発送の結果を地域、運賃、業者別に検討している。
3. Ｊ3SummaryForm：検討結果の要約。
4. Ｊ4件数表：出荷先ごとの件数の検討。
5. Ｊ5件数入力Form：分析のための件数分析入力形式。
6. Ｊ6想定モデル検討：改善すべき何種類かの想定モデルごとの運賃顧客負荷など総合的検討。

K　農作業暦と時間管理

1. K1農歴 Read Me：表の構成と目的など。
2. K2農暦農暦：栽培暦の結果記録労働時間、作業中に気の付いた注意事項、その他覚えを記述して残している。
3. Ｋ3農歴労働時間：労働時間をグラフ化して参照、分析の用に供している。過去の年度ごとの歴史なども一覧可能。

L　経営管理指標と青色申告情報

1. Ｌ1経営 Read Me：表の構成と目的などを示している。
2. L2経営在庫：フィジカル・インベントリー結果の在庫表
3. L3経営償却：ここには古い減価償却表が残してある。
4. L4減価償却費の計算：新しい複式簿記ソフトに依る資産表。
5. L5損益計算書：新しい複式簿記ソフトに依る損益計算書。
6. L6貸借対照表：新しい複式簿記ソフトに依る貸借対照表。
7. Ｌ7決算書裏面：新しい複式簿記ソフトに依る左記作表。
8. L8確定申告用原簿：新しい複式簿記ソフトに依るため新たに作成。
9. Ｌ9確定申告書：新しい複式簿記ソフトに依る農業青色申告を受けて作成された最終申告表。

杉山経昌

すぎやまつねまさ

1938年(昭和13年)、東京都に生まれる。

5歳のときに疎開して千葉県で成長し、千葉大学文理学部化学科を卒業。

通信機器メーカー(研究・開発)と半導体メーカー(営業)を経験したのち、宮崎県綾町で農業を始める。

サラリーマン時代は左手にコンピューター、右手に経営書を常に携えた経験を十分に生かし、
現在、果樹100アール、畑作30アールの専業農家。

特技

悲惨な状況を前向きに捉えること(たとえば大雨で仕事にならないときも、あ骨休みできてよかった、とか、この雨でぶどうが記録的な肥大をするかもしれない、と前向きに考える)。

数式表現できない現象を、でたらめな関数に表して問題をパソコンに丸投げすること。

自分を騙すこと。

短所

気が短い。早とちりする。すぐ頭に血がのぼる。自分だけは正しいと誤解する。

早手回しに仕事をしすぎて失敗する。

長所

仕事に追いかけられたことはない、いつも仕事を追いかけている。計画性がある。

自分の間違いには気づかずに、他人の間違いによく気づく。

好きな言葉

Break Through from The Past
(今日の私は昨日の私ではない。明日の私は今日の私ではない)

資格

普通自動車運転免許。アマチュア無線2級。

資格を持たないで何でもできるのがカッコイイのだ!

こだわり

農作業はきついこともある。だから労働環境改善には力を入れる。快適な靴、手袋、道具……など。

車のボディーのROGOマークは3万円、大看板は5万円、小看板は4万円を投じた。前掛け、Tシャツ、ウインドブレーカー等4種類のユニホームはプリントするROGOデザインを含め10万円でつくった。夫婦2人の農園にユニフォームなんか不要と思うかも知れないが、さにあらず。農園への帰属意識とプライドを高揚して農作業に対する意欲を高めるのに役立ち、きつい作業も楽しくなる。

もちろん作業着本来の機能も優れている。

農作業のBGM

ブルースのCDをよく買う。

CDのままでは百姓の労働環境改善用具にはならない。これをウエアラブル・オーディオに埋め込む。まず全曲を聴いて曲を完成度の高い順に並べ替え、CD2枚分の曲を選ぶ。次にWAV形式のデジタル音源をMP3のデジタル情報ファイルにする。MP3のファイルを再度MPEG-2AAC形式で再変換、これを私のヘッドフォンのICチップに埋め込む。1回2時間の曲群をまったく雑音もなく最高の音質で聞かせ続けてくれる。感動のため涙がこぼれそうになるのをこらえながら、ぶどうの枝を切り続ける日々。

私のぶどうはブルースの香りがするかも知れない。

無即是尊

現代の物量過多・情報過多・機会過多・要求過多の環境にあっては、
何かが有る場合よりも、無い場合の方がより優位である。
2007年元旦から私のホームページは閉じました。

農！黄金のスモールビジネス

2006年9月28日　初版発行
2014年7月2日　12刷発行

著者　杉山経昌
発行者　土井二郎
発行所　築地書館株式会社
〒104-0045　東京都中央区築地7-4-4-201
☎03-3542-3731　FAX03-3541-5799
http://www.tsukiji-shokan.co.jp/
振替00110-5-19057
印刷・製本　株式会社シナノ
ブックデザイン　今東淳雄（maro design）

ISBN978-4-8067-1336-4 C0034